# 激光束对米氏微粒的光学微操控研究

赵子宇　著

中国石化出版社

## 内 容 提 要

本书主要介绍激光束对米氏微粒进行光学微操控和光学筛选的基本原理，内容包括光辐射力计算的几何光学模型、瑞利模型和电磁场模型的实现方法和特点；分析了高斯光束和空心高斯光束对各种不同参数米粒子的散射场和光辐射力分布情况，讨论了激光束对不同微粒的俘获作用；研究了艾里激光束对米粒子的俘获和输运，理论上分析了光镊对粒子的光学筛选功能；采用Scaling算法模拟了高斯光束在克尔介质中的传播特性，为脉冲光镊的研究提供一定的理论基础。

本书适合光学工作者，尤其是从事光学微操控的科研人员和高等院校有关专业的师生参考。

**图书在版编目(CIP)数据**

激光束对米氏微粒的光学微操控研究 / 赵子宇著.
—北京：中国石化出版社，2021.5
ISBN 978-7-5114-6258-9

Ⅰ.①激… Ⅱ.①赵… Ⅲ.①激光-光镊-研究
Ⅳ.①TN24

中国版本图书馆CIP数据核字(2021)第078072号



**中国石化出版社出版发行**
地址：北京市东城区安定门外大街58号
邮编：100011　电话：(010)57512500
发行部电话：(010)57512575
http://www.sinopec-press.com
E-mail：press@sinopec.com
北京科信印刷有限公司印刷
全国各地新华书店经销
*
710×1000毫米 16开本 8.75印张 155千字
2021年5月第1版　2021年5月第1次印刷
定价：68.00元

# 前 言

PREFACE

随着科学技术突飞猛进的发展，人们对物质世界的认知已经从宏观层面深入到了微观层面，对研究所需要的工具也越来越精密和复杂。激光是20世纪人类的重大发明之一，激光的诞生使光学的应用领域发生了翻天覆地的变化，使得许多传统光学无法实现的新型技术和新型工具应运而生，光学微操控技术就是基于微纳米技术产生的对微观粒子进行操作和研究的新型工具。光学微操控技术又称作光镊技术，是利用高聚焦激光微束的动力学效应来俘获和操纵尺度从几十纳米到几十微米的微小粒子的一种技术。光镊技术具有非接触、无污染、无损伤的特点，可以透过微粒表面对其内部的微小精细结构(如：细胞器、蛋白质分子等)进行分析和研究，使人类对物质的研究更接近于事物本质，从而更好地认识和改造自然。

如今，光学微操控技术已经成为人们操控和加工微观物体的一种重要工具，并在现代工业、物理、生物、化学、医学等研究领域有着非常广泛的应用。随着光学微操控技术的深入应用和飞速发展，对其进行的理论研究和分析也越来越完善，目前光学微操控的理论分析可以根据被操控微粒的尺度分为几何光学模型、瑞利模型和电磁场模型。为了不失一般性，本书以光学微操控的电磁场理论模型为基础，系统研究了紧聚焦高斯光束、空心高斯光束和艾里光束对米氏微粒所产生的散射效应和动力学效应，并进一步模拟了艾里光束对溶液中的米氏微粒所进行的光学俘获和光学筛选机制。为后来者初步了解光学微操控的原理和机制提供了一份总结性的材料。

本书的主要内容包括以下几个方面：

(1) 微粒在激光束中所受光辐射力的几何光学模型、瑞利模型和电磁场模型的仿真模拟机制，利用电磁场的矢势和傅里叶变换分析微粒对激光束的散射作用、激光束透过微粒后的传播情况以及微粒受到的光辐射力。

(2) 采用电磁场理论分析了米氏微粒对五阶修正高斯激光束的散射现象，计算结果显示微粒对激光束的散射作用相当于一个透镜，对于高折射率微粒来说，激光束经微粒散射后会在微粒后方聚焦成一个强度很高的亮斑，而低折射率微粒来说则对光束有发散作用。微粒在激光束中受到的光辐射力分为梯度力和散射力两部分，梯度力沿着光束光强的梯度方向，对微粒有俘获的作用，而散射力沿着坡印廷矢量的方向，可以推动微粒沿着光束的传播方向运动。仿真模拟结果显示，微粒受到的光辐射力和微粒的尺度、折射率、位置等因素有关，并且高斯光束只对高折射率微粒具有俘获的作用，而低折射率微粒则被推离光场。对于空心高斯激光束来说，由于其光场分布的特殊性，空心高斯光束可以将高折射率的微粒俘获至其光环附近，从而实现微粒的有序排列。而对于低折射率的微粒，空心高斯光束则会将微粒俘获至中心暗斑区域，实现“光学牢笼”效应。

(3) 艾里光束属于全息光镊的一种，其在传播过程中的具有横向加速性、自愈性以及无衍射性的特点。我们采用平面波谱法获得艾里光束的非傍轴解，研究了艾里光束经微粒散射后的光场分布情况，采用米散射理论对米氏微粒在艾里光束中的受力情况进行了详细的讨论，研究了光辐射力和微粒性质之间的关系，最后对微粒在艾里光束中的运动轨迹进行了定量的仿真模拟。不同位置处、不同半径大小的微粒在梯度力的作用下被俘获至不同的光瓣中，并在散射力的推动下沿着抛物线的轨迹运动至各自的准平衡位置，这样就可以实现艾里光束对微粒的分离和筛选。

(4) 最后还对光束在非线性介质中的传播进行了理论计算，采用矢量非傍轴波动方程来描述光束在各向同性均匀克尔介质中的自聚焦效应。在数值模拟中考虑(2+1)维光束和导出的孤立波方程，当光束的横向尺寸远小于波长时，采用Scaling迭代法得到的结果比微扰法得到的结果更准确且有效。孤立波方程的解是椭圆对称而不是标准的圆对称。和非线性衍射项相比，非傍轴项对孤立波解的影响非常小。还采用简化的矢量模型来模拟高斯光束在各向同性均匀克尔介质中的传播，结果表明，光束在传播过程中发生周期性的聚焦和散焦，并且在传播一段距离后光束的对称性被破坏。

在本书编写过程中，参考了大量国内外相关领域的研究成果，谨向他们表示衷心的感谢！同时也特别感谢中国石化出版社在本书的出版过程中给予的指导和帮助！

本书获“西安石油大学优秀学术著作出版基金资助出版”、“国家自然科学基金项目(11747088)资助出版”和“西安石油大学校级教改项目(131050053)资助出版”，在此一并感谢。

此外，特别强调，光学微操控的内容和应用非常广泛，其技术发展和研究远非本书所能涵盖。由于时间紧促，作者学术水平有限，书中难免有疏漏及错误之处，恳请各位读者提出宝贵意见，以便修改和更正。

# 目 录

CONTENTS

# 第一章
# 绪　论

## 第一节　引　　言

激光(Laser，Light Amplification by Stimulated Emission of Radiation)是基于受激辐射放大原理产生的一种相干光辐射，是20世纪60年代初发展起来的一门新型学科，是继核能、电脑和半导体之后人类又一重大的发明之一。激光的出现和发展不仅引起了现代光学技术领域的巨大变革，还促进了物理学与其他学科技术相结合，其在工业加工、医疗、商业、信息、军事和科研等领域的迅猛发展，使得许多传统光学无法实现的新型技术和设备也应运而生。

激光的理论基础可以追溯到1916年，爱因斯坦(Albert Einstein)在论文《辐射的量子理论》中以深刻的洞察力首次提出受激辐射的概念：除自发辐射外，处于高能级的原子或分子，受外来光子的激励，当外来光子的频率刚好与原子或分子的跃迁频率一致时，该原子或分子就会从高能级跃迁到低能级，并发出与外来光子完全相同的另一光子。不过爱因斯坦并没有想到利用受激辐射来实现光放大，所以在以后的许多年里，受激辐射的理论和思想仅限于理论上讨论光的散射、折射、色散和吸收等过程。1933年，苏联物理学家法布里坎特(B. A. Фабрикант)在研究反常色散问题时才触及到光的放大，他也是粒子数反转这一物理思想的倡导者[1]。1958年，美国科学家肖洛(A. L. Schawlow)和汤斯(C. H. Townes)在贝尔实验室发现，当将氖光灯泡发出的光照射在一种稀土晶体上时，晶体会发出鲜艳的、始终会聚在一起的强光。根据这一现象他们提出了“激光原理”的概念：物质受到与其分子固有振荡频率相同的能量激发时，都会产生出这种不发散的强光——激光。1960年7月，美国物理学家梅曼(T. H. Maiman)在加利福尼亚州的休斯研究实验室研制出了世界上第一台红宝石激光器，由此开启了激光技术研究和应用的新时代。

和普通光源相比，激光的单色性、方向性和相干性，以及由此而来的超高亮度、超短脉冲等特性，使得激光与其他学科和技术相结合形成了一系列新的交叉学科和新型应用技术，如非线性光学、超快光子学、量子光学、激光化学、激光医疗与光子生物学、信息光电子技术、激光加工、激光检测与计量、激光全息技术、激光光谱分析技术、激光雷达、激光制导、激光分离同位素、激光可控核聚变、激光武器等等。近年来，随着纳米技术的迅速发展，人们对物质结构的研究已经从宏观层面上的分析和探讨深入到了微观层面，并可以对物质的微观结构、机理和功能进行定量的分析和研究，由此激光技术在微观领域的研究和应用逐渐发展成为一门新兴的学科分支，而光学微操控技术就是一项基于激光发展起来的新型技术。2018 年，诺贝尔物理学奖被授予美国科学家阿瑟·阿什金（Arthur Ashkin）、法国科学家热拉尔·穆鲁（Gerard Mourou）和加拿大科学家唐娜·斯特里克兰（Donna Strickland），以表彰他们在“激光物理学”领域做出的突破性贡献。

光学微操控技术也称作光镊（Optical Tweezers），是由激光束形成的一种特殊工具，具有“抓取”微小物体的功能，是类比于机械镊子的形象称呼。与宏观的机械镊子和显微微针或原子力显微镜相比，光镊具有不可比拟的优点。光镊对微粒的操控是温和的、非接触的遥控方式，可以实现“隔空取物”的操作，不会对微粒造成机械损伤，这些优点使得光镊在生物医学领域有着非常重要的应用。首先，光镊操控的微粒尺度可以从纳米量级到微米量级，刚好是生物细胞、细胞器以及生物大分子的尺度范围；其次，激光照射在物体上会产生热效应，不过我们可以选择合适的波长以避开生物细胞所吸收的波长范围（生物组织的透明窗口为 700~1300nm），从而降低热效应对细胞的灼伤[2]；另外，由于大部分细胞膜都是透明的，光镊可以穿过细胞膜操控细胞内部的结构，这是其他任何操控设备无法做到的。

在形成光镊的光波场附近，微粒都有自动向光波场中心移动的趋势，表现出光镊对微粒产生的“引力”效应。在无外界扰动的情况下，处于光波势阱中的微粒将不会偏离光波场的中心，沿着坡印廷矢量的方向运动。但是当微粒的尺度很小时，布朗运动对物体产生的扰动不可忽略，微粒相对于光波场中心的任意微小偏离，都会使其在光镊“引力”的作用下被俘获至光波场中心，这样光波场中心可看作是光波势阱。当势阱中微粒的动能不足以克服势阱的势垒时，物体将继续停留在阱内运动，这样就实现了光镊对微小物体的稳定俘获和输运。所以光镊也被称作光学势垒（Optical Barrier）或光陷阱（Optical Trap）。

光镊之所以可以对微小物体进行光学微操控，是由于当光照射在物体表面上时，光束的动量传递给物体，从而对物体产生力的作用，表现为光辐射压力，简称光压（Light Radiation Pressure）。光辐射力的大小和入射光的动量密度、物体表面的反射系数和反射角有关。当光垂直照射在黑体上，黑体表面受到的光压强是 $p=S/c$（$S$ 是坡印廷矢量的大小，$c$ 是光速）；当光垂直照射在白体上，白体表面受到的光压强是 $2p$。正是由于光辐射力的作用，使得物体受到光束的束缚从而达到被"抓取"的效果，然后再通过移动激光束或样品台来实现光镊对物体的迁移、筛选、翻转、扭转、打结等操作。关于光辐射力的提出可以追溯到17世纪初期，德国天文学家开普勒(Johannes Kepler)基于光的量子理论，认为当彗星接近太阳时，彗星中的尘埃和气体分子由于受到太阳辐射的光辐射力而产生彗尾，从而解释了彗尾总是背离太阳的原因。1873年，麦克斯韦(James Clerk Maxwell)用光的电磁波理论证实了光辐射力的存在，并说明光作为电磁波，不仅具有能量，而且还具有动量。由于光辐射力的数值非常小(太阳辐射在黑体上的力仅为0.45dyn/m$^2$)，一直到19世纪末期，光辐射力大小的测量并没有成功，所以光压的存在也不能得到确切的证明。1899年，俄国物理学家列别捷夫(Pyotr Nikolae vich Lebedew)观测到了光对固体的辐射压力，并在1901年第一次完成了固体所受光辐射力的测量[3-4]，随后又在1910年完成了气体所受光辐射力的测量[5]，这些实验不仅证明了光辐射力的存在，还为光的电磁波理论提供了最有力的证明。列别捷夫的光压测量装置如图1.1所示，他采用交替光束和高度真空来消除运流和辐射度力带来的扰乱，从光源B发出的光经光学系统进入球形玻璃容器G中，垂直照射在圆薄片R上，薄片由于受到光压的作用开始转动，从而引起玻璃丝的扭转，通过测量玻璃丝扭转的角度来计算薄片受到的光压，其实验结果和理论值在误差允许范围内可以认为是相符合的。

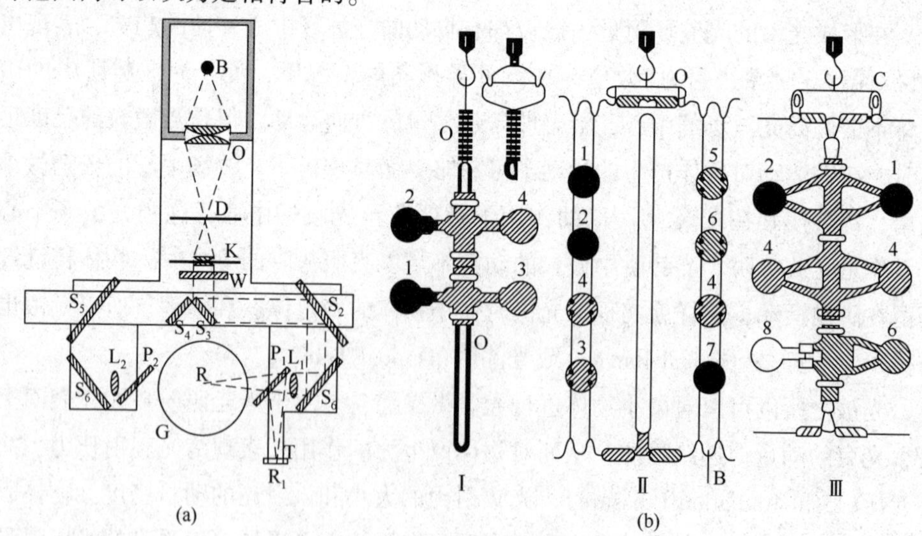


图1.1 图(a)是列别捷夫光压测量装置

注：B是直流弧光灯，C是聚光器，D是金属光栅，K和L是透镜，G是真空室，W是装有纯水的玻璃容器，S是反光镜；图(b)是位于G中R处用玻璃丝悬挂的圆形薄片装置[3]

激光发明之前，人们对于光的动量和力学效应的研究和应用受到了很大的限制，这主要是因为普通光源的亮度和方向性有限，照射在物体上产生的光辐射压力可以说是微乎其微，很难被仪器检测到。自激光器发明以来，由于激光的高亮度性和方向性使得光对物体的光辐射力较为明显，光的动量属性才得以充分展示。目前世界上最强的光辐射力可以达到 $3\times10^{11}$ 倍于大气压(1 标准大气压 = $1.013\times10^5$Pa)，相应的电场强度高达$10^{21}$ W/cm$^2$。例如，对于输出脉冲功率为$10^{16}$W 的强激光，其聚焦强度可达 $8\times10^{31}$ W/cm$^2$，可以产生亿度以上的高温，能够焊接、加工和切割最难熔的材料。即使光功率为 10W 的激光，照射在物体表面上产生的光辐射力最大也只有$10^{-8}$N，和重力、摩擦力、空气阻力等相比可以忽略不计。但是，如果将聚焦宽度为几毫米的激光经高倍透镜会聚到尺度为微米量级的物体上，激光的光子数密度可以增加$10^6$ 倍，并且受力物体从毫米量级缩小到微米量级，其黏滞力减小$10^3$ 倍，重力减小$10^9$ 倍，这样激光照射在微小物体表面上就可以表现出非常显著的力学效应。

光辐射力的应用领域可以根据被操控物体的尺度分为宏观层次(如太阳帆航天器)、纳米层次[6](如激光冷却原子和玻色-爱因斯坦凝聚)和微米亚微米层次(如激光束对微粒的光学悬浮、光俘获和光操控)，如图 1.2 所示。太阳帆航天器(Solar sail spacecraft)无需消耗燃料和发动机，也不受运行时间的限制，而是利用太阳光产生的光辐射压力进行连续加速，使太阳帆航天器获得 93km/s 的速度(该速度是火箭推进航天器的 4~6 倍)，可用于星际探索、取样返回、太阳或行星的悬浮轨道探测、通信卫星推进等任务[7]~[9]。1925 年，爱因斯坦将玻色(Satyendra Nath Bose)关于“没有静止质量的光子”的统计方法推广到有质量的原子体系中，预言了物质的第五态，即玻色-爱因斯坦凝聚：在极低的温度下，处于最低能量状态上的原子数目会随着温度的降低而增大，直到几乎所有原子都处于同一个能量状态，而整体呈现出一个量子态。实现玻色-爱因斯坦凝聚态的条件极为苛刻和矛盾：一方面要求极低的温度，另一方面要求原子体系处于气态。直到 1995 年 6 月，美国物理学家康内尔(E. Cornell)、维曼(C. Wieman)和德国物理学家科特勒(W. Ketterle)成功地在 2000 个铷 87 原子在 170nK 温度下和 $5\times10^5$ 个钠 23 原子在 2K 温度下的蒸汽中观察到了玻色-爱因斯坦凝聚，并获得 2001 年诺贝尔物理学奖。朱棣文(S. Chu)、达诺基(C. C. Tannoudji)和菲利普斯(W. D. Phillips)因为在激光冷却和捕获原子方面的杰出贡献获得 1997 年诺贝尔物理学奖[10][11]。人们对于微米亚微米微粒所受光辐射压力的研究导致了光镊的诞生，使得人眼可以借助显微镜直接观察激光对微粒的操控。光镊所操控的物体尺度在几十纳米到几十微米范围内，微小物体在光辐射压力的作用下被俘获并沿着光束坡印廷矢量的方向运动，这样就可以实现利用两束相向传播的光束来夹持物体，使其悬浮在空间特定的位置，这就是激光束对微粒产生光学悬浮的原理[12][13]。光镊对微小物体施加的力学效应，与激光冷却原子的本质不同，不会引起构成物体的原子或分子的内部能态发生变化，而只是入射光波在物体表面发生反射、折射和吸收时产生的动量转移。

(a)太阳帆宇航器

(b)激光冷却原子

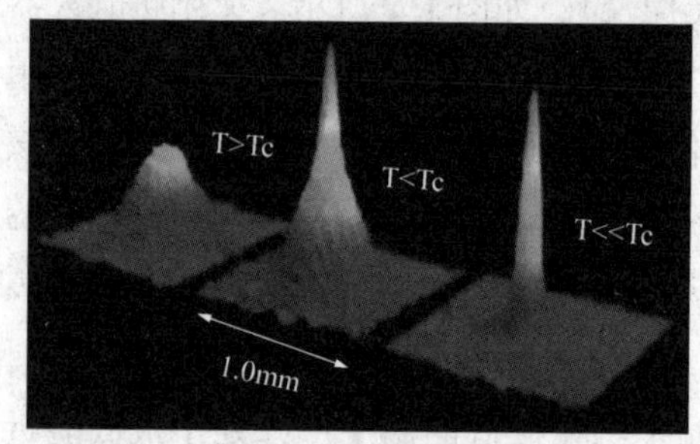


(c)波色爱因斯坦凝聚

(d)石墨烯微粒的光学悬浮

图 1.2　光辐射压力的应用

1970 年，美国贝尔实验室的亚瑟·阿什金(Arthur Ashkin)首次提出利用光压操控微粒的概念[14]，他使用 514.5nm 的连续激光对直径为 2.68μm 的微粒进行操控，实验结果表明：单光束可以将微粒俘获至光轴附近并沿光束的传播方向进行加速，而相向传播的双光束可以对微粒进行稳定的俘获。阿什金认为微粒受到激光束的光压可以产生两种效果，一个是沿光场梯度方向的梯度力(Gradient Force)，另一个是沿光束传播方向的散射力(Scattering Force)，通过适当调节激光束的聚焦情况就可以实现对微粒有选择性地加速、俘获和分离等操作。1986

年，Ashkin 等人利用高聚焦单激光束形成的梯度力光阱成功地对水溶液中纳米至微米量级的电介质微粒实现了稳定俘获[15]，并在理论上对瑞利粒子受到的光辐射力进行了定量的分析和研究，这一研究结果标志着光镊仪器的诞生，其原理如图 1.3 所示[16]。随后，Ashkin 等人又将光镊应用于对原子[17][18]、生物细胞[19~21]、病毒和细菌[22]、中性粒子[23]等微粒的俘获和操控，由此开拓了光学微操控技术的新领域。光镊的发明使得光对物质的力学效应得到了实际的应用，使人们在许多研究中从被动的观察转换为主动的操控，同时光镊对测量微小力和生产微小器件等方面也有着非常重要的意义。

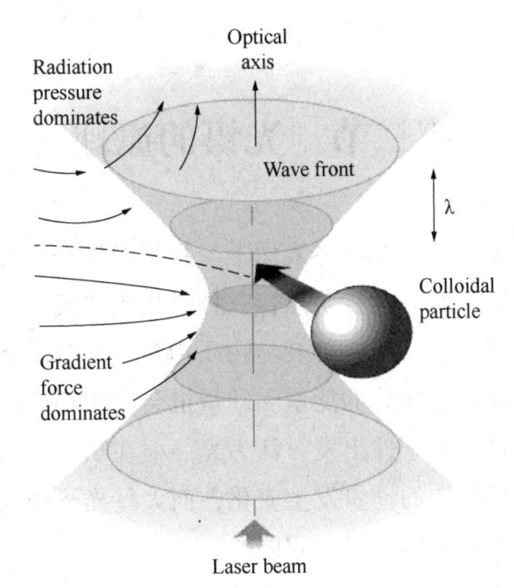


图 1.3　光镊原理示意图，焦点附近的梯度力可将微粒吸引至焦点，而散射力则推动微粒沿光束传播的方向运动[16]

光镊是对单光束梯度力光阱的形象描述，是目前有效操控生物大分子的主要手段之一，与传统的原子力显微镜（Atomic Force Microscopy，AFM）和磁镊（Magnetic Tweezers）相比[24]，光镊具有不可比拟的优点：

（1）光镊对微粒的操作是非接触式的，宏观上与机械镊子相比不存在局部受力点，可以避免在操作过程中对微粒造成机械损伤。只要选择合适的激光波长和能量，就可以避免由于光镊的热效应对微粒造成的损伤；

（2）光镊具有穿透性，可以穿过透明封闭系统的表面来操控其内部微粒[25]（如细胞内的细胞器等结构），也可以透过封闭样品池的外壁来操控池内微粒，实现真正意义上的无菌操作；

(3) 光镊可以对微粒进行远距离的“遥控”操作[26]，一般来说光镊仪器与微粒之间的距离远大于微粒的尺度，这样光镊在操作过程中不会干扰微粒周围的环境；

(4) 光镊还可以作为微粒间相互作用的力学探针[27][28]。光镊对微粒的操控类似于弹簧，在操作过程中能够实时感应微小负荷，所以光镊是极其灵敏的力传感器，其分辨精度可以达到飞牛($10^{-15}$N)的量级；

(5) 光镊技术有很强的兼容性。光镊可以与荧光激发、微分干涉仪、微针辅助测量等技术相结合，还可以借助于现代显微镜设计制作多光学通道光镊来对物体进行多路信号探测。这些特点使得光镊在物理、生物、医学和化学等领域都得到了广泛的应用和发展[29]。

## 第二节　光镊的原理

光镊的基本原理是光照射在物体表面上与物体发生动量传递时对物体产生的力学效应。关于光压的理解有两种观点：一种是从光的波动性出发，电磁波在介质中传播时具有能量和动量，当电磁波与物质相互作用时能量和动量都会发生改变，根据能量和动量守恒，物质的能量和动量也会发生相应的变化，从而产生光压；另一种观点是从光的量子性出发，认为光照射在物体上时，光子将动量传递给被照射的物体，使得物体的动量发生变化，而大量光子作用力的叠加就形成了光压。这两种理论观点得到的结果是相同的。

根据光的量子理论，光子所携带的能量 $E$ 和动量 $p$ 分别是：

$$E=h\nu \tag{1.1}$$

$$p=\frac{h}{\lambda} \tag{1.2}$$

其中，$h$ 是普朗克常数，$\lambda$ 和 $\nu$ 是光束的波长和频率。光束在面元 d$s$ 上的反射和折射如图 1.4 所示，假设入射光束的光强是 $I_0$，则单位时间内通过面元 d$s$ 的光通量可以表示为：

$$\mathrm{d}I=I_0\cos i_1\mathrm{d}s \tag{1.3}$$

假设入射光束的光子数是 $N$，那么光强可以表示为：

$$I_0=Nh\nu=Nh\frac{v}{\lambda}=Npv \tag{1.4}$$

式中　$v$——光速。

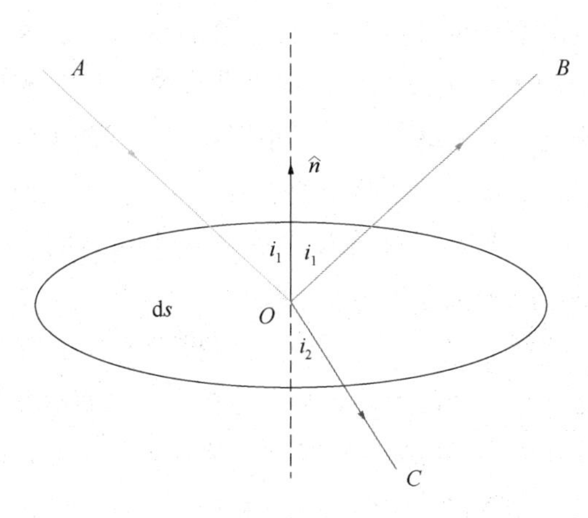


图 1.4 光束在面元 ds 上的反射和折射，$\hat{n}$ 是面元的法线单位矢量，$i_1$ 和 $i_2$ 分别是入射角和折射角

如果物体表面的反射率和折射率分别是 $R$ 和 $T$，那么被反射的光子数为 $RN$，透射的光子数为 $TN$，吸收的光子数为 $(1-R-T)N$。光子经物体反射后的动量为 $-RN\dfrac{h}{\lambda}$，根据动量守恒，在单位时间内光束与单位面积的物体相互作用后的光子的总的动量变化为：

$$\frac{\mathrm{d}\boldsymbol{p}}{\mathrm{d}t}=(1+R-T)N\frac{h}{\lambda}=(1+R-T)\frac{I_0 n}{c} \tag{1.5}$$

式中 $n$——介质的折射率；

$c$——真空中的光速。

根据动量定理光束作用在单位面积上的光压是 $F_{\mathrm{pr}}=\dfrac{\mathrm{d}\boldsymbol{p}}{\mathrm{d}t}$，所以面元 ds 受到的光压是：

$$\mathrm{d}F_{\mathrm{pr}}=(1+R-T)\frac{I_0 n}{c}\cos i_1\,\mathrm{d}s \tag{1.6}$$

当面元 ds→0 时，面元受到的光压的方向与面元的法线方向 $\hat{n}$ 平行（一般与 $\hat{n}$ 一致，也可以相反）。对式积分就可以得到整个表面所受到的光压，即：

$$\mathbf{F}_{\mathrm{pr}}=\frac{I_0 n}{c}\int_s(1+R-T)\cos i_1\,\mathrm{d}\boldsymbol{s} \tag{1.7}$$

由式(1.7)就可以计算光作用在物体表面上的光压。这里应该注意的是，由于光压是矢量，计算时需要考虑力的作用点和方向，然后再进行矢量叠加。

一般来说，实验研究中光镊所操控的对象都是悬浮于透明液体中的透明微粒，如游离在液体中的大分子或细胞，其尺寸大多在几微米到几十微米的范围内。下面我们以透明电介质小球为模型，采用几何光线的方法来定性地分析光镊对微粒施加的光辐射力。激光束经透镜聚焦后在其焦点附近形成光学势阱，对处于其中的微粒产生力学效应，光辐射力从效果上可以分为散射力(Scattering Force)和梯度力(Gradient Force)两部分。散射力是由于微粒对光束的反射和折射产生的，其方向和光束传播的方向一致，可以推动微粒沿着光束传播的方向运动。梯度力是由于光强在空间的不均匀分布造成的，其方向是指向光强梯度的方向，可以将微粒俘获在光强梯度最强的位置。光镊能够俘获微粒主要是依靠梯度力的作用，所以梯度力也常常被称作是光俘获力。

假设散射微粒的折射率 $n_{\mathrm{int}}$ 大于周围环境介质的折射率 $n_{\mathrm{ext}}$，激光束经透镜聚焦后照射在微粒上并在微粒表面发生反射和折射，对于透明微粒来说，反射产生的光压远小于折射所产生的光压，可以忽略不计。我们以光线 $a$ 和 $b$ 为例，其在微粒中的传播路径如图 1.5 所示，光束穿过微粒后传播方向的改变导致光束的动量发生变化，这样光束就会对微粒施加一个与之大小相等方向相反的动量，相应的光压就是图中所示的 $F_{\mathrm{a}}$ 和 $F_{\mathrm{b}}$。根据式可知光压与入射光强成正比，当微粒处于均匀光场中时，如图 1.5(a)所示，小球受到的光压 $F_{\mathrm{a}}$ 和 $F_{\mathrm{b}}$ 大小相等，其在

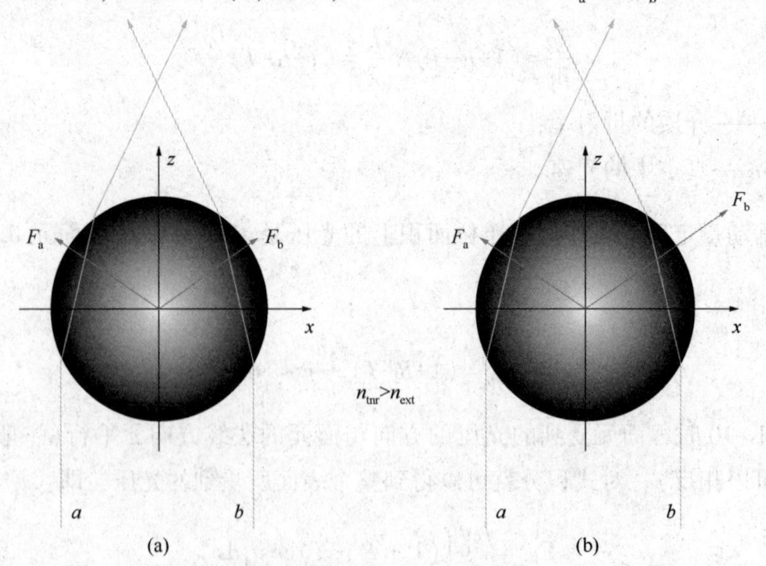


图 1.5　微粒在均匀光场(a)和非均匀光场(b)中受到的光辐射力，$n_{\mathrm{int}}$ 和 $n_{\mathrm{ext}}$ 分别是微粒和周围介质的折射率，且 $n_{\mathrm{int}}>n_{\mathrm{ext}}$

横向($x$ 方向或 $y$ 方向)上的分量相互抵消，只存在沿 $z$ 轴方向的推力，我们称之为散射力。当微粒处于非均匀光场中时，如图 1.5(b)所示，光强从左向右逐渐增强，光线 $b$ 使小球获得较大的动量，从而使得光压 $F_b>F_a$，其在横向上的合力指向光强增大的方向，我们称之为梯度力。

非均匀光场产生的横向梯度力，可以使激光束将偏离横向位置的微粒束缚在其光轴附近，但是微粒沿光轴方向仍然是自由状态，这样就需要通过重力、器壁等其他外部条件来平衡微粒受到的散射力，以达到稳定的俘获效果，如图 1.6 所示，我们将这种情形称为二维光学势阱(Two-Dimension Optical Trap)。

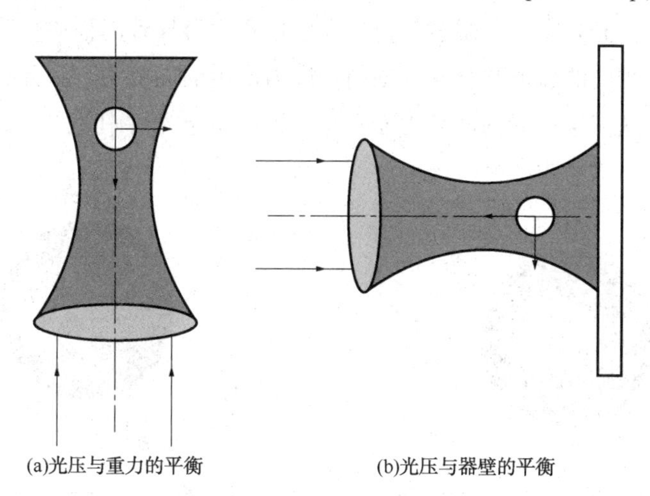


图 1.6 二维光阱俘获微粒示意图，通过重力(a)和容器壁(b)等外部条件来平衡微粒受到的散射力，以达到二维光阱对微粒的稳定俘获

二维光学势阱只能限制微粒在垂直于光轴的平面内运动，而在光束传播方向上依然是不稳定的。要想使微粒在光束传播方向上也受到束缚，就必须有逆向的光压来抵消沿光束传播方向的散射力，我们将这种情形称为三维光学势阱(Three-Dimension Optical Trap)。1986 年 A. Ashkin 用一束高度聚焦的激光束在横向和纵向同时产生梯度力[15]，使得微粒可以在光轴上的某一位置达到平衡，从而对微粒实现三维空间上的完全束缚。由于该光阱只用了一束激光，所以称之为单光束梯度力光阱(single-beam optical gradient force trap)，这也就是光镊能够稳定捕获微粒的原理。

激光束经大孔径短焦透镜聚焦后可以在透镜焦点附近形成高梯度光场，并且光束的会聚角越大，光场的梯度也就越大，当微粒受到的轴向梯度力大于散射力时，微粒就会在光束传播的方向上被俘获，这样就形成了三维光学势阱。图 1.7 是单光束梯度力光阱原理示意图，与二维光阱不同的是，三维光阱入射到微粒上的光是强会聚的，光束具有较大的横向($xy$)动量和较小的轴向($z$)动量。光束穿过微粒后出射光束偏离入射光束的方向，改变了轴向动量。由于 $z$ 方向的动量守恒，微粒必产生相应的动量改变，这样微粒将会受到轴向的推力或拉力。当微粒位于光束焦点前方时，如图 1.7(a)所示，微粒受到的纵向梯度力沿光束传播的方向，它趋向于把微粒推向焦点；当微粒位于光束焦点后方时，如图 1.7(b)所示，微粒受到的梯度力沿逆光轴方向，该力同样趋向于把微粒推向焦点。这样对于单光束梯度力光阱来说，微粒任何横向的偏离都会导致因横向梯度力产生的回复力，而任何轴向的偏离都会导致轴向梯度力产生的回复力。因此，位于焦点附近的微粒将在这三维空间的回复力而稳定地被束缚于光阱中。

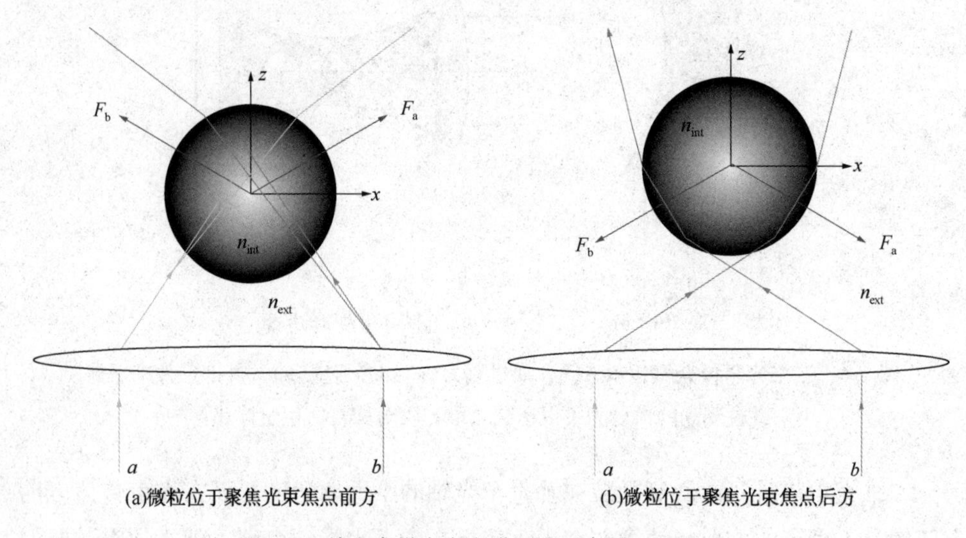


(a)微粒位于聚焦光束焦点前方　　(b)微粒位于聚焦光束焦点后方

图 1.7　单光束梯度力光阱原理示意图，$n_{int}$和 $n_{ext}$ 分别是微粒和周围介质的折射率，且 $n_{int}>n_{ext}$

# 第三节　光镊技术介绍以及研究进展

自 Ashkin 研制的第一台光镊仪器诞生以来[15]，人们对光镊技术的研究越来越广泛和深入。传统的光镊是建立在光学显微镜系统基础之上的，激光束经扩束器、光强调制器、双向色分束器和大孔径高倍显微物镜等光学元件聚焦后所形成的光场具有很强的光强梯度，由梯度场产生的光辐射力可以将微粒稳定地俘获在光束的聚焦点附近。如今随着光镊在各科研领域的广泛应用，光镊装置还可以与各种新型技术相结合来提高其光学微操控的性能。A. Hoffmann 和 S. Bowman 分别利用共焦显微镜和自适应光学技术研制成的单光阱光镊系统提高了三维俘获微粒的效果[30]~[32]。A. Sischka 等人将单光束梯度力光阱与微流体系统相结合来操控分子流[33]。

随着激光技术和微纳科学的研究和发展，如今已经研制出了许多品种的光镊以满足技术上的不同需求[34]。根据光镊作用机制的不同，可以将光镊分为时间调制型光镊、空间调制型光镊和耦合型光镊。时间调制光镊是在光路中加入时间调制的元件，用来改变光束的传播方向，以达到在不同方向上俘获微粒的目的。空间调制光镊是通过改变入射激光束的空间分布来实现的，如我们后面将要研究的空心光束光镊就属于空间调制光镊的范畴，另外比较常用的还有贝塞尔光束光镊[36]和偏振光束光镊[37]~[40]。全息光镊是光镊技术和全息技术相结合的耦合型光镊，在光镊仪器的光路中插入制作好的全息相位片来改变入射激光束的波前形状，这样就可以获得所需要的全息光镊。随着计算机技术和光调制技术的飞速发展和广泛应用，获取全息光镊也变得越来越容易，如今，全息技术不仅可以对光束的空间分布进行静态的调制，还可以实现实时的动态调制，这就使得全息光镊有了更多的发展空间，其在实际中的应用也越来越广泛。全息光镊最主要的特点就是可以对多粒子体系进行多方位多角度的实时操控[41][42]。比较常见的全息光镊有阵列光镊[44]、涡旋光束光镊和艾里光束光镊。典型的涡旋光束光镊有拉盖尔高斯光束光镊[43]和高阶贝塞尔光束光镊，涡旋光镊的典型特征是光场中具有相位不确定的奇点，并且在这些位置上的光强为零，由于涡旋光束具有轨道角动量，微粒被俘获后会绕着光束中心旋转，并且还可以实现在多个平面上同时俘获多个微粒[45]，如图 1.8 所示。

艾里光束光镊也是全息光镊的一种，艾里光束最早是由 Berry 和 Balazs 于 1979 年首次提出，而在实验中获得却是在 29 年后由美国的 G. A. Siviloglou 等人完成。图 1.9 给出了艾里光束的实验装置图，把计算的相位膜片输入号液晶空间光调制器中，对入射的高斯光束进行相位调制，调制后的光束经过傅里叶透镜变换到时域，就可以产生出艾里光束[46]。艾里光束是一种无衍射的光束，其在横向的加速性质可以使光束沿着抛物线的传播路径传播，并且艾里光束还具有自愈的特性，若在光束的传播路径中将其某一光瓣遮挡住，光束在传播一定的距离后，被遮挡住的部分会重新“长出”。艾里光束光镊可以将俘获到的微粒沿抛物线的轨迹进行输运，这样就可以实现微粒在相互分离的隔间中转移[144]。

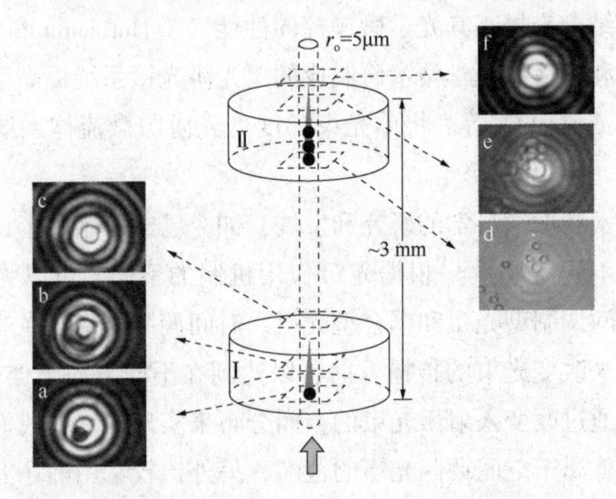


图 1.8　贝塞尔光镊多平面同时俘获多个微粒，Ⅰ和Ⅱ是样品室，a，b 和 c 是Ⅰ中俘获微粒的横截面视图，d，e 和 f 是在Ⅱ中俘获微粒的横截面视图

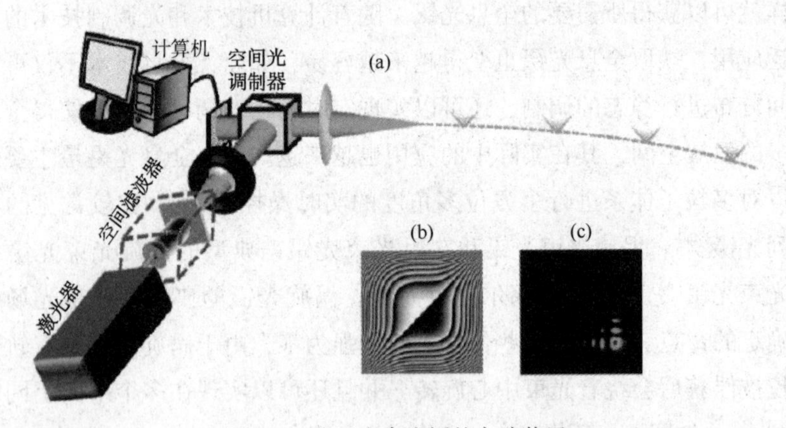


图 1.9　艾里光束光镊的实验装置

目前光镊技术的应用主要集中在生物学和医学方面[47]，其无损无菌的特性，以及远距离遥控操作的特点，使得光镊对研究对象的干扰极小，能够对活体生物细胞进行各种操控以及细胞微手术等精细操作，而不损伤其内部结构。光镊还可以用于探测活体细胞以及分子马达的动力学特性[48]，借助于操纵手柄来操控细胞和生物大分子[49]，还可以控制 DNA 的折叠与展开[50]，测量细胞膜的弹性参

数[51][52]，以及双光镊对肌动蛋白的打结，如图 1.10 所示。2013 年中科院研究人员利用光镊技术深入到小白鼠毛细血管中操控红细胞取得成功，并利用光陷阱效应进行聚集红细胞堵塞血管和疏通血管的微型手术，开拓了光镊技术研究活体动物的新领域，并有望进一步应用于基础医学和医学临床的研究。在对生物体细胞的研究过程中，光镊的波长是一个非常重要的考虑因素，在中红外波段，生物组织对激光能量的吸收系数远大于散射系数，生物体对激光的散射和吸收，存在一个 750～1200nm 波长的生物窗口。实验研究表明，近红外光作为光镊光源对细胞的热效应可以降到最小，如 780nm，830nm 和 1064nm 波长的激光对生物学研究是比较理想的。

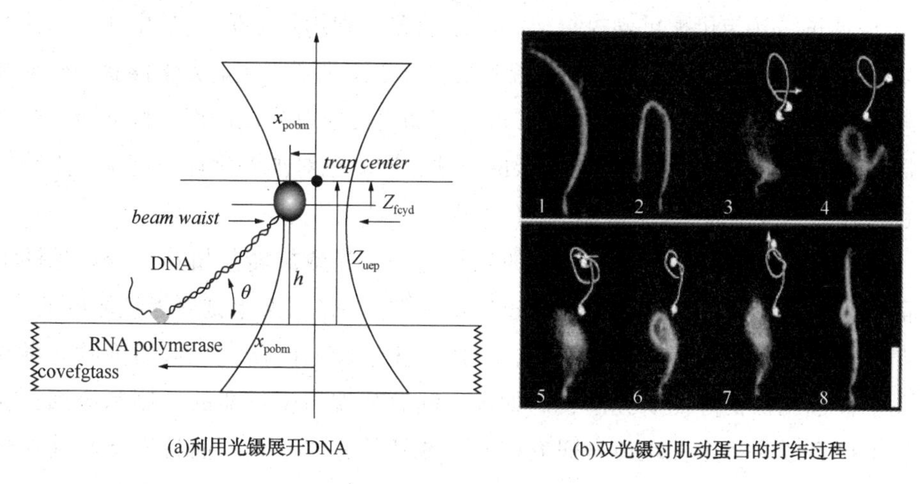


(a)利用光镊展开DNA　　(b)双光镊对肌动蛋白的打结过程

图 1.10　光镊在生物学中的应用

光镊技术在物理学领域的应用除了光学俘获外，还可以与计算机设计的衍射光学元件（Diffractive Optics Elements，DOE）和液晶空间光调制器（Spatial Light Modulator，SLM）相结合，实现对多粒子体系的俘获，并使得用光镊对微粒排列组合成各种复杂的图案成为了可能[53]~[61]。J. E. Curtis 用可寻址液晶空间光调制器实现了对入射激光束的相位调制，得到的全息光镊可产生多光阱阵列，成功地实现了一次性俘获 26 个聚苯乙烯微粒，并通过改变光强的分布来选择性地改变光阱阵列中微粒的分布和排列，如图 1.11 所示[44]。

随着微纳技术研究的深入，人们对光镊所能操控的微粒逐渐降低到了单分子尺度，然而，由于布朗运动和光束衍射效应的影响，使得俘获溶液中的自由分子变得非常困难。2020 年厦门大学田中群课题组提出了单分子等离激元光镊技

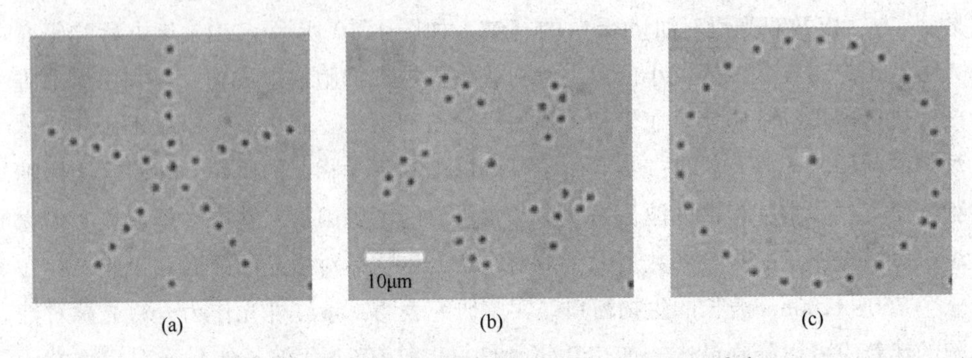


图 1.11　聚苯乙烯微粒在全息光镊中的二维排列[44]

术[62]，通过激光与机械可操控裂结的联用装置，利用纳米间隙中等离激元的光学增强效应，对2nm大小的单个寡聚苯乙炔分子实现了直接的光学俘获、研究和释放。单分子等离激元光镊技术的实现将有助于可控单分子过程、自下而上的纳米器件和分子机器的构建提供了有效的方法，同时也对加深物理、化学、生物等过程的理解具有十分重要的科学意义[63][64]。

光镊技术还可以用于研究结晶的生长过程，光致旋转与扭转，胶体悬浮液表面同性电荷相吸的反常现象，原子冷却，波色-爱因斯坦凝聚等领域的研究。光镊技术还可以与光谱技术相结合，应用于化学领域的研究，从而为研究微粒的化学性能提供良好的研究平台。如今，随着高端精密仪器的研制和应用，光镊技术已经成为各个领域科学研究中不可或缺的重要工具，而且光镊与其他技术相结合又产生出新的研究手段和方法，又进一步促进了交叉学科的研究和发展。

## 第四节　本书的结构安排

光镊技术已经在实验操作和实际应用中取得了很大的成就和进展，但是对于光镊的理论分析和研究却相对滞后。这主要是有以下几方面的原因：首先，光镊所操控的微粒一般都是悬浮于溶液中的，当微粒的尺寸比较小时，其在溶液中由于布朗力的作用产生的无规则热运动就越明显，这样就会出现多个微粒同时被俘获的情况发生；其次，光镊操控的对象往往是一些形状奇特或结构复杂的大分子或生物细胞，而理论上对这类复杂结构的模型建立比较困难，使得对它们的理论分析也很少；另外，由于微粒之间的相互作用，以及微粒对入射光束的多重反射和折射，也会对光镊的理论分析造成一定的影响。对光镊理论的分析和研究不仅可以提高人们对光镊工作原理的理解和认识，还为光镊技术的发展创新和光镊仪器的研发提供一定的理论指导。本书以米散射理论为基础，研究了微粒对激光束的散射作用，以及微粒在激光束中所受到的光辐射力，并对米氏微粒在艾里光束中的运动轨迹做了定量的分析。本书主要包括以下几个部分：

（1）根据五阶近似的紧聚焦高斯光束，模拟了米氏微粒对高斯光束的散射作用。计算结果表明，低折射率微粒（$n_{int}<n_{ext}$）对高斯光束的作用相当于一个发散的透镜，而高折射率微粒（$n_{int}>n_{ext}$）对高斯光束的作用则相当于一个会聚的透镜，并且微粒的折射率越高，光束聚焦后形成的光斑越小，峰值光强越强。对微粒所受光辐射力的分析表明，高斯光束光镊只能对高折射率微粒进行有效稳定的俘获，而对于低折射率微粒来说，则是将其推离光场。

（2）研究了空心高斯光束在介质中的传播特性，及其对米氏微粒产生的光辐射力。空心高斯光束的显著特点就是光强呈筒状分布，光束中心是光强为零的暗斑，并且空心高斯光束在传播较长的距离后可以保持光束的形状不变。对于高折射率微粒来说，空心高斯光束的光阱呈环状分布，而对于低折射率微粒来说，光阱位于空心高斯光束的中心暗斑处。在远场区域空心高斯光束的光束宽度增大，光强减弱，当传播距离为 10 倍的衍射长度时，在光束中心会出现一个强度很强的亮斑，空心高斯光束退化为高斯光束，在该区域光束只能对高折射率微粒进行稳定的俘获。

（3）根据平面波谱法，给出了一维艾里光束和二维艾里光束的非傍轴解，并对艾里光束在空间中的传播进行了数值模拟。作为无衍射光束的一种，艾里光束可以在介质中传播较长的距离，并在传播过程中发生横向自弯曲效应。根据洛伦兹米散射理论分析了微粒在艾里光束中的受力情况，以此为基础对微粒在艾里光束中的运动情况作了定量的分析。作为全息光镊的一种，艾里光束有多个光学通道，不同位置处不同尺度的微粒在横向梯度力的作用下被俘获至不同的光瓣，而纵向的散射力则推动粒子沿着抛物线的轨迹运动，最终实现微粒的筛选和分离。

（4）非线性光学作为现代光学的重要分支，在激光的强度控制、光脉冲压缩、光频转换、物质的超精细结构分析，以及非线性光通信等方面都有着非常重要的应用。非线性介质的光学参数与光束的强度有关，激光在非线性介质中传播时，介质的光克尔效应引起光束的自聚焦效应。我们从麦克斯韦方程组出发得到了光束在非线性介质中传播时所满足的矢量波动方程，并利用Scaling迭代法对孤立波方程进行求解。模拟结果表明Scaling迭代法得到的结果更为精确，其误差可达到$10^{-6}$的量级，并且在模拟高斯光束在非线性介质中的传播时，高斯光束经历自聚焦-散焦的周期性振荡，而不会出现崩塌，由此得到的结果与实验结果相一致。这将为以后脉冲光镊的分析和研究提供一定的理论基础。

# 第二章
# 基础理论和方法

# 第一节 引 言

光学微操控技术是利用强聚焦激光束对微小粒子施加动力学效应来实现的，光镊对微粒的俘获和操控与激光束的波长、光强分布、发散角以及微粒的形状、大小、相对折射率和周围环境介质的性质有关[62]。随着激光技术的发展，光镊被应用到越来越多的领域中，人们对物质的研究也从系综深入到定量，并开始对微观世界的机理和功能进行定量的监测和研究。光镊作为微小力的探针，其微观操控能力和超高的时间和空间分辨率，已经被广泛应用于研究生物单细胞的研究中，目前光镊技术已经能够直接控制活体动物血管内的细胞，可为生物基础研究和医学提供重要的研究工具。

对光镊光场的理论研究以及对微粒所受光辐射力的理论计算，可以更好地理解光镊捕获微粒的机制，并对影响捕获效率和稳定性的因素进行定性和定量的判断，对实际操作中遇到的问题和现象做出合理的解释，从而为优化光镊仪器的设计提供理论上的指导和依据[54]。

根据被捕获微粒的大小，计算光辐射力的理论模型主要有几何光学模型和电磁场模型。当微粒半径远大于入射光波的波长时($R\gg\lambda$)，可以采用几何光学模型[63]；当微粒半径远小于入射光波的波长时($R\ll\lambda$，瑞利粒子)，采用瑞利近似的电磁场模型，这时可以把微粒看做是点偶极子[55]~[58]；当微粒半径和入射光波的波长相当时($R\sim\lambda$，米氏粒子)，光辐射力的计算需要采用严格意义上的电磁场模型。对于米氏微粒的理论分析，根据算法的不同又分为广义洛伦兹-米氏散射(General Lorenzo Mie Theory，GLMT)理论模型、T矩阵(T Matrix)理论模型、时域有限差分法(Finite Difference Time Domain，FDTD)理论模型、角谱分析法(Angular Spectrum Method，ASM)理论模型等等。

一般来说，光镊能够操控的微粒的范围在几纳米到几十微米之间，而实验所用光镊的波长通常是1.064μm，所以当微粒的尺寸大于几微米时采用几何光学模型，当微粒尺寸小于几十纳米时采用瑞利模型，而介于两者之间的微粒则应该采用严格意义上的电磁场模型。

# 第二节 计算光辐射力的理论模型

## 2.2.1 几何光学模型

几何光学模型可以用来研究微米量级的介质小球在单激光束中的受力情况，可以作为一个简单的系统来描述激光俘获和操控活体细胞及细胞内部细胞器的物理机制。

在几何光学模型中，忽略光束的衍射效应，将入射光束分解成许多独立的细光束(或光线)，这些细光束具有确定的光强、传播方向和偏振状态，在各向同性均匀介质中沿直线传播。细光束可以看作是波动光学当波长趋于零时平面波的极限，根据斯涅耳定律(Snell's Law)，细光束在介质小球表面发生反射和折射时会改变其传播方向，再应用菲涅尔公式(Fresnel Formulas)就可以得到光束在电介质表面偏振状态的转换情况[65]。

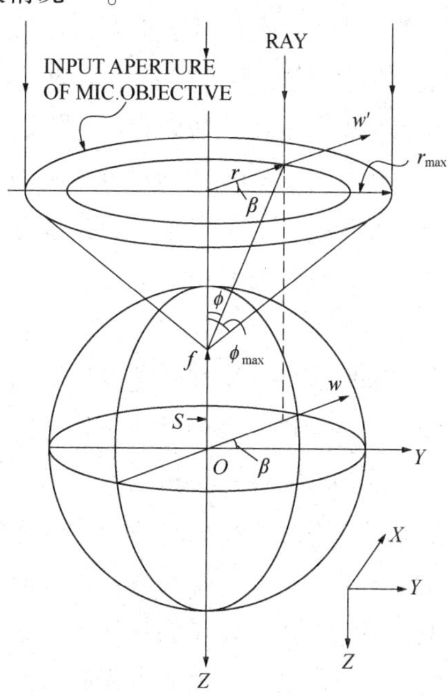


图 2.1 单光束梯度力光阱的几何光学模型，光束焦点 $f$ 位于介质小球的 $z$ 轴[66]

对于半径远大于波长($\gg\lambda$)的介质小球来说，我们可以利用单光束梯度光阱的几何光学模型来计算入射光束作用在小球上的光辐射力，它等于所有细光束单独作用在介质小球上的光辐射力之和。如图 2.1 所示，周围环境的折射率是 $n_1$，介质小球的折射率是 $n_2$，以介质小球中心为原点建立直角坐标系 $O-xyz$，高数值孔径(Numerical Aperture，NA)显微物镜的焦点 $f$ 位于 $z$ 轴，任意模式和偏振状态的入射平行光束依次会聚于焦点 $f$。取任意一条光线，其在入射光瞳处(Input Aperture)的半径是 $r$(光线到光轴的垂直距离)，光线的会聚角是 $\phi$(光线经物镜会聚后和光轴之间的夹角)，入射光线和光轴构成的平面与 $y$ 轴之间的夹角是 $\beta$，入射光瞳的边缘光线对应的最大会聚角是 $\phi_{max}$(对于油浸接物镜 $\phi_{max}\approx70°$)。光束在焦点处的焦斑直径约为 $\lambda/2n_1$，对于较大的介质小球来说，忽略焦斑尺度所造成的影响可以忽略不计[67]。入射光束经透镜会聚后，每一条光线的方向和动量都沿着各自的直线方向连续，光线在介质小球表面发生多次反射和折射从而产生光辐射力。介质小球受到的光辐射力就是以任意 $r$ 和 $\beta$ 入射的所有光线作用在小球上的光辐射力之和。

在波动光学(Wave Optics)和射线光学(Ray Optics)的基础上，Wright 等人提出单光束梯度光阱模型[68]，该模型采用基横模 $TEM_{00}$ 高斯激光束(Gaussian beam)。波动光学要求光线的传播方向垂直于高斯光束的波阵面，由于高斯光束在传播过程中波阵面的曲率会发生变化，所以光线的传播方向也会发生相应的改变，光线和光轴之间的夹角 $\phi$ 可以从轴向光线的 0°到远场光线的 30°或更高。这就意味着光线在均匀介质中的传播方向会发生变化，也意味着在没有和介质发生相互作用的情况下光束的动量在均匀介质中也会发生变化，这就违背了几何光学模型和光动量守恒。

我们可以换一个角度来理解高斯光束在传播过程中光线的传播方向和光动量的不变性。将高斯光束按平面波角谱法进行展开，其中每一列平面波都可以通过焦点 $f$，并且在传播过程中光线的传播方向和光动量都不会发生变化[65]。另外，描述高斯光束的数学表达式只有在远场衍射角 $\theta'$ 很小的极限条件下，并且只对横向偏振光才严格成立，这里 $\theta'=\lambda/\pi\omega_0$，$\omega_0$ 是高斯光束的焦斑半径。因此，对于光阱的几何光学模型来说，高斯光束只是高会聚激光束的简单近似而已，要准确描述高会聚激光束则需要更复杂的公式，例如方程应满足边缘光线在焦点处有较强的轴向电场分量，需要用矢量波动方程来求解光束的表达式，而不是用简单的标量波动方程[69][70]。

Wright 提出的单光束梯度光阱模型除了在焦点 $f$ 处存在较大的误差外，在入射束缚光束的远场区域已经非常接近于几何光学模型，这两种算法的主要区别在于：Wright 算法中入射激光束的会聚角相对较小，例如焦斑尺寸是 $\omega_0 = 0.5$、0.6、0.7μm 的入射光所对应的远场衍射角大约是 $\theta' = 29°$、24°、21°；而对于几何光学模型的高 NA 物镜来说，则要求远场衍射角近似为 $\Phi_{max} \approx 70°$。

现在，考虑一条单独的细光束对介质小球施加的光辐射力，具体如图 2.2 所示。入射光线沿 $z$ 轴方向传播，在介质小球表面发生部分反射和部分折射，入射角和反射角分别是 $\theta$ 和 $r$，对应的菲涅尔反射系数(Fresnel Reflection Coefficients)和透射系数(Fresnel Transmission Coefficients)分别是 $R$ 和 $T$。入射光线的光功率是 $P$，其沿 $z$ 轴方向单位时间内的光动量是 $n_1P/c$，$c$ 是真空中的光速。入射光线经介质小球表面反射后的反射光线光功率是 $PR$，经介质小球折射并在小球内表面多次反射后的出射光线的光功率依次递减，分别是 $PT^2$、$PT^2R$、……、$PT^2R^n$、……。这些散射光线(反射光线和出射光线)相对于入射光线偏转的角度依次是 $\pi+2\theta$、$\alpha$、$\alpha+\beta$、……、$\alpha+n\beta$，……。所有散射光线作用在介质小球上的光辐射力都通过小球中心点 $O$，其沿 $z$ 轴的合力 $F_z$ 是单位时间内光动量在该方向的净增量[71][72]，即：

$$F_z = \frac{n_1P}{c} - \left[\frac{n_1PR}{c}\cos(\pi + 2\theta) + \sum_{n=0}^{\infty}\frac{n_1P}{c}T^2R^n\cos(\alpha + n\beta)\right] \tag{2.1}$$

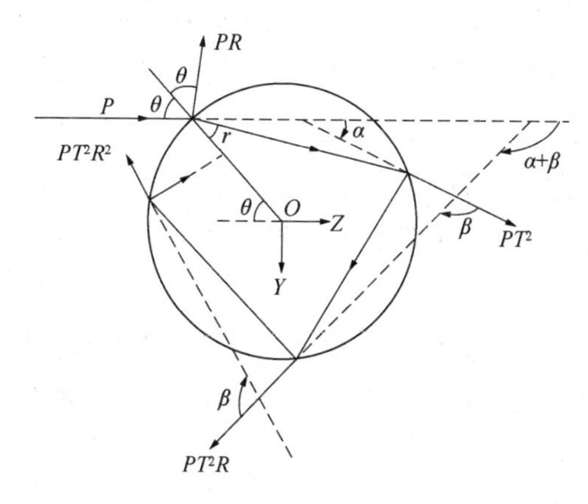


图 2.2　细光束对介质小球的光辐射力几何光学模型[66]

同样地，由于入射光线在 $y$ 轴方向的光动量为零，所以沿 $y$ 轴的合力 $F_y$ 可以表示为：

$$F_y = 0 - \left[\frac{n_1 PR}{c}\sin(\pi + 2\theta) + \sum_{n=0}^{\infty}\frac{n_1 P}{c}T^2R^n\sin(\alpha + n\beta)\right] \tag{2.2}$$

将 $F_z$ 和 $F_y$ 放置在复平面上，即复平面上的合力可以表示为 $F_{tot}=F_z+iF_y$，我们对所有散射光线作用在介质小球上的力进行求和，可以得到[73]：

$$F_{tot} = \frac{n_1 P}{c}(1 + R\cos 2\theta) + i\frac{n_1 P}{c}R\sin 2\theta - \frac{n_1 P}{c}T^2\sum_{n=0}^{\infty}R^n\exp[i(\alpha + n\beta)] \tag{2.3}$$

上式中对 $n$ 的求和项可以用简单的几何级数来表示，即：

$$F_{tot} = \frac{n_1 P}{c}(1+R\cos 2\theta)+i\frac{n_1 P}{c}R\sin 2\theta - \frac{n_1 P}{c}T^2\exp(i\alpha)\left[\frac{1}{1-R\exp(i\beta)}\right] \tag{2.4}$$

将式(2.4)的分母有理化并分别取 $F_{tot}$ 的实部和虚部，再结合几何关系 $\alpha=2\theta-2r$ 和 $\beta=\pi-2r$，就可以得到细光束对介质小球施加的光辐射力 $F_z$ 和 $F_y$，即

$$F_z = F_s = \frac{n_1 P}{c}\left\{1+R\cos 2\theta-\frac{T^2[\cos(2\theta-2r)+R\cos 2\theta]}{1+R^2+2R\cos 2r}\right\} \tag{2.5}$$

$$F_y = F_g = \frac{n_1 P}{c}\left\{R\sin 2\theta-\frac{T^2[\sin(2\theta-2r)+R\sin 2\theta]}{1+R^2+2R\cos 2r}\right\} \tag{2.6}$$

其中，反射系数 $R$ 和透射系数 $T$ 与入射光线相对于入射面的偏振状态有关，所以式(2.5)和式(2.6)表示的光辐射力是偏振相关的。对于细光束来说，式(2.5)表示的 $F_z$ 分量沿着入射光线的传播方向，和散射力 $F_s$ 的方向是一致的；同样地，式(2.6)表示的 $F_y$ 分量沿着垂直于入射光线的方向，和梯度力 $F_g$ 的方向是一致的。

对于复杂结构的光束，如单光束梯度光阱模型中的高会聚激光束，我们定义光束对介质小球的散射力和梯度力等于光束中每一条细光束对小球的散射力 $F_{is}$ 和梯度力 $F_{ig}$ 的矢量和，即：

$$\mathbf{F} = \sum_i \mathbf{F_i} = \sum_i (F_{is}\hat{j} + F_{ig}\hat{k}) \tag{2.7}$$

如图 2.3 所示，给出的是会聚光束中的任意一条光线以 $\theta$ 角照射在介质小球上时，作用在小球上的散射力 $F_s$ 和梯度力 $F_g$ 的指向。

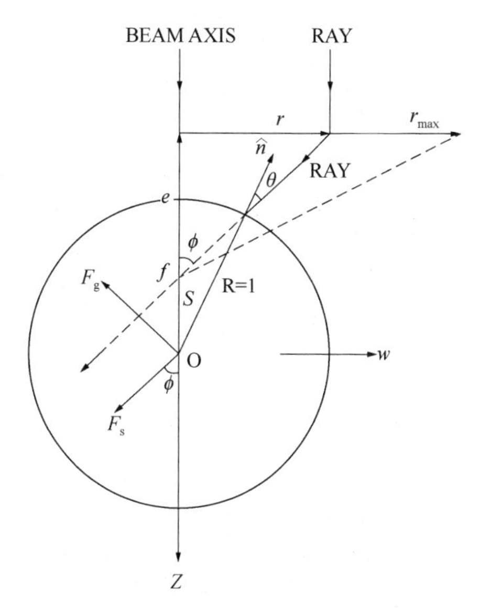


图 2.3 以 $\theta$ 角入射的细光束对介质小球施加的散射力 $F_s$ 和梯度力 $F_g$ 的几何模型[66]

可以证明，式(2.6)表示的梯度力是保守力，可以表示为 $\rho$ 的单值函数 $F_g(\rho)$，这里 $\rho$ 是光线到小球的径向距离，这就意味着对介质小球沿任意闭合路径的线积分，即对 $F_g(\rho)\,\mathrm{d}\rho$ 的积分等于零。如果一条光线产生的梯度力是保守力，那么多条光线产生的梯度力的矢量和也属于保守力，因此几何光学模型中对于梯度力保守性质的定义和瑞利模型中的定义是一样的。但是对于散射力来说，相应的积分值和积分路径的选取有关，所以散射力 $F_s$ 属于非保守力。综上所述，对于复杂结构光束的梯度力和散射力的重新定义，可以使我们在几何光学模型和瑞利模型中采用相同的方式来描述梯度力光阱对微粒的光学微操控。

下面我们根据式(2.5)和式(2.6)来计算入射角为 $\theta$ 的细光束作用在介质小球上的散射力 $F_s$，梯度力 $F_g$，以及合力的大小 $F_{mag}=\sqrt{F_s^2+F_g^2}$ 随角度 $\theta$ 的变化情况。假设入射光束是圆偏振光，其作用在介质小球上的光辐射力等于平行和垂直于入射面的线偏光分别对介质小球产生的作用力的平均值。聚苯乙烯小球的折射率是 $n_2=1.6$，周围水介质的折射率是 $n_1=1.33$，小球的有效折射率(Effective Index of Refraction)是 $n=n_2/n_1\approx1.2$。引入无量纲因子 $Q$，和光辐射力 $F$ 之间的关系满足[74][75]：

$$F=Q\frac{n_1P}{c} \tag{2.8}$$

式中　$n_1$——周围介质的折射率；

$c$——真空中的光速；

$P$——入射细光束的光功率。

$n_1P/c$ 是入射细光束单位时间的光动量，与 $F_s$、$F_g$ 和 $F_{mag}$ 相对应的无量纲因子分别是 $Q_s$、$Q_g$ 和 $Q_{mag}=\sqrt{Q_s^2+Q_g^2}$。

图 2.4 分别给出 $Q_s$、$Q_g$ 和 $Q_{mag}$ 随入射角 $\theta$ 变化的关系曲线，从图中可以看出，当 $n=1.2$ 时，梯度力 $F_g$ 对应的 $Q_g$ 在光束入射角 $\theta\cong70°$ 时达到最大值 $Q_{g\max}\cong0.5$。表 2.1 给出有效折射率 $n$ 不同的各种介质小球在受到最大梯度力 $F_{g\max}(Q_{g\max})$ 时，对应的光线入射角 $\theta_{g\max}$ 和小球受到的散射力 $F_s(Q_s)$ 的值。从表中可以看出，随着有效折射率 $n$ 的增加，散射力 $Q_s$ 也在不断增加，而最大梯度力 $Q_{g\max}$ 在 $n=1.6$ 时存在最大值 $Q_{g\max}\cong0.570$，这表明介质小球的有效折射率越高，就越难实现激光束对微粒的有效俘获和操控。

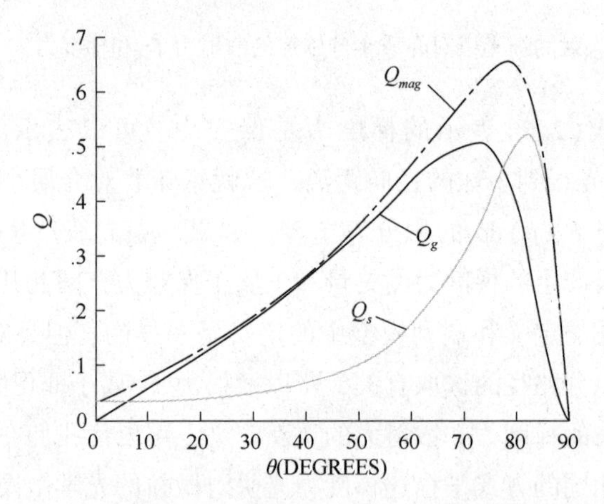


图 2.4　介质小球的相对折射率 $n=1.2$ 时，小球受到的散射力 $Q_s$、梯度力 $Q_g$ 和合力 $Q_{mag}$ 随光线入射角 $\theta$ 的变化曲线[66]

**表 2.1　有效折射率 $n$ 不同的介质小球，受到最大梯度 $Q_{g\max}$ 时所对应的散射力 $Q_s$ 和光线入射角 $\theta_{g\max}$**

| $n$ | $Q_{g\max}$ | $Q_s$ | $\theta_{g\max}$ |
|---|---|---|---|
| 1.1 | 0.429 | 0.262 | 79° |
| 1.2 | 0.506 | 0.341 | 72° |
| 1.4 | 0.566 | 0.448 | 64° |

续表

| $n$ | $Q_{gmax}$ | $Q_s$ | $\theta_{gmax}$ |
|---|---|---|---|
| 1.6 | 0.570 | 0.535 | 60° |
| 1.8 | 0.547 | 0.625 | 59° |
| 2.0 | 0.510 | 0.698 | 59° |
| 2.5 | 0.405 | 0.837 | 64° |

计算光辐射力的几何光学模型原理简单易懂，在介质小球的尺度远远大于入射激光束的波长时，并且对计算精度要求不高的条件下，该模型可以很好地解释一些实验现象。然而由于几何光学模型没有考虑到光的波动性、相位变化、偏振情况等特性，这就会给仿真结果带来一定的偏差，所以说几何光学模型仅仅是研究光学微操控的一种简单近似，其在实际中的应用具有很大的局限性。

随后，人们在 Ashkin 方法的基础上，又提出光线追踪法[76]和矢量光线追踪法[77]，这些方法不仅可以计算球形微粒[77]，还可以用来计算圆柱形微粒[78]、椭球体[79][80]、饼状微粒[81]、多层微粒[82]、双球或多球系统微粒[83][84]等各种形状的微粒在梯度力光阱中受到的光辐射力和光辐射力矩。

### 2.2.2 瑞利模型

当散射微粒的尺度和入射激光束波长相比足够小($R<\lambda$)时，我们可以采用瑞利模型来计算微粒在光镊中受到的光辐射力[85][86]，如图 2.5 所示是瑞利模型的几何示意图。根据瑞利散射理论，瑞利粒子所在区域的瞬时电场可以看做是稳恒的均匀电场，并且可以用静电场的方程进行描述。入射激光束的电场分量 $E(r, t)$ 使瑞利粒子中的电荷产生振荡，振荡的电荷可以看做是中心位于球心处的简单点偶极子，它们向外辐射出次波。由于电荷的振荡频率和入射波的频率相同，所以辐射的次波与入射波有相同的频率和固定的相位差，其偶极矩可以表示为[87]：

$$\boldsymbol{p}(\mathbf{r}, t)=4\pi\varepsilon_0 n_{ext}^2 R^3\left(\frac{m^2-1}{m^2+2}\right)\mathbf{E}(\mathbf{r}, t) \tag{2.9}$$

式中 $R$——瑞利粒子的半径；

$m=n_{int}/n_{ext}$——粒子的相对折射率；

$n_{int}$和 $n_{ext}$——分别是粒子和周围介质的折射率。

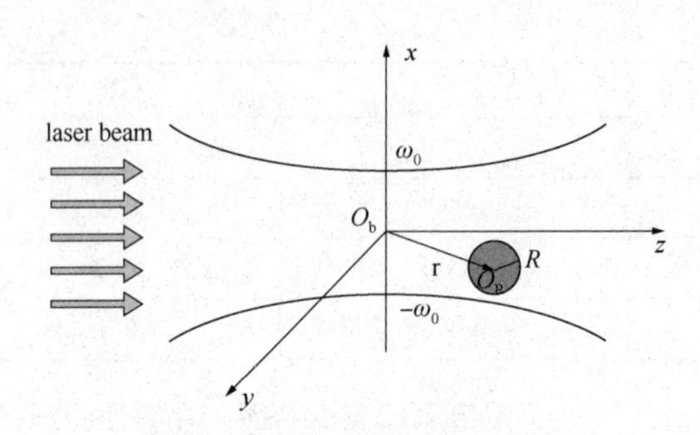


图 2.5 瑞利模型的几何示意图

瑞利粒子在光镊中受到的光辐射力可以分为散射力和梯度力两部分。瑞利粒子在电场中被极化成点偶极子向外辐射次波或散射波，粒子对入射光束的散射作用改变了电磁波能流传播的大小和方向，光束的动量也随之发生改变，这样粒子就受到了散射力的作用，用公式表示为：

$$\mathbf{F}_{scat}(\mathbf{r})=\frac{C_{pr}\langle \boldsymbol{S}(\mathbf{r},\ t)\rangle_T}{c/n_{ext}}=\left(\frac{n_{ext}}{c}\right)C_{pr}\boldsymbol{I}(\mathbf{r}) \tag{2.10}$$

其中 $\boldsymbol{S}(\mathbf{r},\ t)$——光束的坡印廷矢量；

$\boldsymbol{I}(\mathbf{r})$——光束的光强分布；

$c$——真空中的光速；

$C_{pr}$——粒子的光辐射力截面，在瑞利模型近似下，$C_{pr}$ 等同于粒子的散射截面，即[87]：

$$C_{pr}=C_{scat}=\frac{8}{3}\pi k^4 R^6\left(\frac{m^2-1}{m^2+2}\right)^2 \tag{2.11}$$

将式(2.11)代入式(2.10)，就可以得到瑞利粒子受到的散射力的表达式：

$$\mathbf{F}_{scat}(\mathbf{r})=\frac{8}{3}\ \frac{n_{ext}}{c}\pi\ (kR)^4 R^2\left(\frac{m^2-1}{m^2+2}\right)^2\boldsymbol{I}(\mathbf{r}) \tag{2.12}$$

从式(2.12)可以看出，粒子受到的散射力总是沿着光束能流传播的方向，可以使将粒子沿光束的传播方向运动，由此可以实现光镊对瑞利粒子输运的目的。

瑞利粒子受到的梯度力是由电磁场对点偶极子施加的洛伦兹力引起的，将粒子的电偶极矩看做是电磁波的静电场模拟，粒子的瞬时梯度力可以表示为：

$$\begin{aligned}\mathbf{F}_{grad}(\mathbf{r},\ t)&=[\boldsymbol{p}(\boldsymbol{r},\ t)\cdot\nabla]\mathbf{E}(\mathbf{r},\ t)\\&=2\pi\varepsilon_0 n_{ext}^2 R^3\left(\frac{m^2-1}{m^2+2}\right)\nabla\mathbf{E}^2(\mathbf{r},\ t)\end{aligned} \tag{2.13}$$

由于瑞利粒子所在区域的电磁场可以看做是均匀稳态场，这样粒子受到的梯度力就是式(2.13)的时间平均值，可以表示为：

$$\mathbf{F}_{grad}(\mathbf{r}) = \langle \mathbf{F}_{grad}(\mathbf{r},\ t) \rangle_T = \frac{2\pi n_{ext} R^3}{c}\left(\frac{m^2-1}{m^2+2}\right)\nabla \boldsymbol{I}(\mathbf{r}) \tag{2.14}$$

可以看出，粒子受到的梯度力与光强的梯度成正比。当 $n_{int} > n_{ext}$ 时，梯度力总是指向光强增大的方向，这样粒子无论发生横向还是纵向偏离，都将在梯度力的作用下被拉回到光强最强的位置，从而实现光镊对粒子的稳定捕获。反之，当 $n_{int} < n_{ext}$ 时，粒子将被推离光场。这也就说明了光镊对微粒能够实现稳定捕获的条件之一便是粒子的折射率必须大于周围环境介质的折射率。

假设入射激光束是零阶基模高斯光束，沿 $z$ 方向传播，沿 $x$ 轴方向偏振。以高斯光束束腰中心为原点建立直角坐标系 $O_b$-$xyz$，散射瑞利粒子中心 $O_p$ 的位置坐标是$(x,\ y,\ z)$，如图 2.5 所示。在傍轴近似条件下的高斯光束的电场可以表示为：

$$\begin{aligned}\mathbf{E}(\mathbf{r}) &= E(\mathbf{r})\hat{i} \\ &= \hat{i}E_0 \frac{ik_{ext}\omega_0^2}{ik_{ext}\omega_0^2+2z}\exp(-ik_{ext}z) \\ &\cdot \exp\left[-i\frac{2k_{ext}z(x^2+y^2)}{(k_{ext}\omega_0^2)+(2z)^2}\right]\exp\left[-\frac{(k_{ext}\omega_0)^2(x^2+y^2)}{(k_{ext}\omega_0^2)^2+(2z)^2}\right]\end{aligned} \tag{2.15}$$

式中 $\omega_0$——光束的束腰半径；

$k_{ext}=2\pi/\lambda$——光束在介质中的波数；

$E_0$——光束束腰中心$(x=y=z=0)$处的电场强度，由光束的峰值光强或光功率决定。

相应的磁场可以表示为：

$$\mathbf{H}(\mathbf{r}) = \hat{k}\times\frac{\mathbf{E}(\mathbf{r})}{Z_0} \simeq \hat{j}n_{ext}\varepsilon_0 cE(\mathbf{r}) = \hat{j}H(\mathbf{r}) \tag{2.16}$$

式中，$Z_0=\sqrt{\mu_{ext}/\varepsilon_{ext}} \simeq 1/n_{ext}\varepsilon_0 c$ 是平面波近似下周围介质的固有阻抗，对于非磁性介质来说 $\mu_{ext}=\mu_0$。电磁波的场矢量都是实际可测的物理量，是时间和空间的实函数，可以表示为：

$$\mathbf{E}(\mathbf{r},\ t) = \frac{1}{2}[\mathbf{E}(\mathbf{r})e^{i\omega t}+\mathbf{E}^*(\mathbf{r})e^{-i\omega t}] = \mathrm{Re}[\mathbf{E}(\mathbf{r})\exp(i\omega t)] \tag{2.17}$$

$$\mathbf{H}(\mathbf{r}, t)=\frac{1}{2}[\mathbf{H}(\mathbf{r})e^{i\omega t}+\mathbf{H}^*(\mathbf{r})e^{-i\omega t}]=\mathrm{Re}[\mathbf{H}(\mathbf{r})\exp(i\omega t)] \tag{2.18}$$

式中　$\omega$——光束的瞬时原频率，这样入射光束的瞬间坡印廷矢量(Poynting vector)是：

$$\mathbf{S}(\mathbf{r}, t)=\mathbf{E}(\mathbf{r}, t)\times\mathbf{H}(\mathbf{r}, t)$$
$$=\frac{1}{2}\mathrm{Re}[\mathbf{E}(\mathbf{r})\times\mathbf{H}(\mathbf{r})\exp(2i\omega t)]+\frac{1}{2}\mathrm{Re}[\mathbf{E}(\mathbf{r})\times\mathbf{H}(\mathbf{r})] \tag{2.19}$$

实验中可测量的量是光束的光强 $\boldsymbol{I}(\mathbf{r})$，其值是坡印廷矢量 $\boldsymbol{S}(\mathbf{r}, t)$ 的时间平均值，即：

$$\begin{aligned}\boldsymbol{I}(\mathbf{r})=\langle\mathbf{S}(\mathbf{r}, t)\rangle_T&=\frac{1}{2}\mathrm{Re}[\mathbf{E}(\mathbf{r})\times\mathbf{H}^*(\mathbf{r})]\\&=\frac{1}{2}n_{ext}\varepsilon_0 c\,|\mathbf{E}(\mathbf{r})|^2\hat{k}\\&=\frac{1}{2}n_{ext}\varepsilon_0 cE_0^2\frac{1}{1+(2\tilde{z})^2}\exp\left[-\frac{2(\tilde{x}^2+\tilde{y}^2)}{1+(2\tilde{z})^2}\right]\hat{k}\\&=\boldsymbol{I}(\mathbf{r})\hat{k}\end{aligned} \tag{2.20}$$

式中，$(\tilde{x}, \tilde{y}, \tilde{z})=(x/\omega_0, y/\omega_0, z/k\omega_0^2)$，光束的光功率是指光束通过某一横截面的平均能流密度，即光强在该平面的积分。这里我们选取 $z=0$ 平面(Gaussian 光束的束腰位置)作为积分曲面，则光束的光功率为：

$$\begin{aligned}P&=-\int_s \boldsymbol{I}(\mathbf{r})\big|_{z=0}\mathrm{d}s=\frac{1}{2}n_{ext}\varepsilon_0 cE_0^2\int_s\exp[-2(x^2+y^2)/\omega_0^2]\,\mathrm{d}s\\&=\frac{1}{4}\pi\omega_0^2 n_{ext}\varepsilon_0 cE_0^2\end{aligned} \tag{2.21}$$

由此可得：

$$I(\mathbf{r})=\left(\frac{2P}{\pi\omega_0^2}\right)\frac{1}{1+(2\tilde{z})^2}\exp\left[-\frac{2(\tilde{x}^2+\tilde{y}^2)}{1+(2\tilde{z})^2}\right] \tag{2.22}$$

将式(2.22)代入式(2.12)，可以得到高斯光束对瑞利粒子施加的散射力随入射光强的分布情况：

$$\begin{aligned}\mathbf{F}_{scat}(\mathbf{r})=\hat{k}\,\frac{8}{3}\pi\left(\frac{n_{ext}}{c}\right)({}_{ext}^{k}R)4R^2\left(\frac{m^2-1}{m^2+2}\right)^2\\\cdot\left(\frac{2P}{\pi\omega_0^2}\right)\frac{1}{1+(2\tilde{z})^2}\exp\left[-\frac{2(\tilde{x}^2+\tilde{y}^2)}{1+(2\tilde{z})^2}\right]\end{aligned} \tag{2.23}$$

可见散射力与入射光功率 $P$ 和 $R^6$ 成正比，并且总是指向光束的传播方向。

将式(2.22)代入式(2.14)，可以得到高斯光束对瑞利粒子施加的梯度力，写成分量的形式为：

$$F_{grad,x}(\mathbf{r})=-\frac{2\pi n_{ext}R^3}{c}\left(\frac{m^2-1}{m^2+2}\right)\left(\frac{2P}{\pi\omega_0^2}\right)\cdot\frac{4\tilde{x}/\omega_0}{1+(2\tilde{z})^2}\cdot\frac{1}{1+(2\tilde{z})^2}\exp\left[-\frac{2(\tilde{x}^2+\tilde{y}^2)}{1+(2\tilde{z})^2}\right] \tag{2.24}$$

$$F_{grad,y}(\mathbf{r})=-\frac{2\pi n_{ext}R^3}{c}\left(\frac{m^2-1}{m^2+2}\right)\left(\frac{2P}{\pi\omega_0^2}\right)\cdot\frac{4\tilde{y}/\omega_0}{1+(2\tilde{z})^2}\cdot\frac{1}{1+(2\tilde{z})^2}\exp\left[-\frac{2(\tilde{x}^2+\tilde{y}^2)}{1+(2\tilde{z})^2}\right] \tag{2.25}$$

$$F_{grad,z}(\mathbf{r})=-\frac{2\pi n_{ext}R^3}{c}\left(\frac{m^2-1}{m^2+2}\right)\left(\frac{2P}{\pi\omega_0^2}\right)\frac{8\tilde{z}/(k_{ext}\omega_0^2)}{[1+(2\tilde{z})^2]^2}\cdot\left[1-\frac{2(\tilde{x}^2+\tilde{y}^2)}{1+(2\tilde{z})^2}\right]\cdot\exp\left[-\frac{2(\tilde{x}^2+\tilde{y}^2)}{1+(2\tilde{z})^2}\right] \tag{2.26}$$

从式(2.24)~式(2.26)可以看出，梯度力和 $R^3$ 成正比，当 $m>1$ 时梯度力的作用就像回复力一样总是指向 Gaussian 光束的束腰中心。梯度力的横向分量 $F_{grad,x}$ 和 $F_{grad,y}$ 分别在 $(x, y, z)=(\pm\omega_0/2, 0, 0)$ 和 $(x, y, z)=(0, \pm\omega_0/2, 0)$ 处取最大值，纵向分量 $F_{grad,z}$ 则在 $(x, y, z)=(0, 0, \pm k_{ext}\omega_0^2/2\sqrt{3})$ 处取最大值。

如图 2.6 所示，我们采用瑞利模型对半径分别是 $R=5$nm、10nm、50nm 和 100nm 的介质小球在高斯光束中受到的散射力、梯度力和光辐射力沿 $z$ 轴的分量进行了仿真计算，其中入射高斯光束的波长是 $\lambda_0=0.5145\mu$m。当介质小球的半径较小时，具体如图 2.6(a)和(b)所示，瑞利模型得到的结果和广义洛伦兹米理论[88](Generalized Lorenz-Mie Theory，GLMT)的结果一致，说明和式可以很好地用来模拟瑞利粒子在光镊中受到的光辐射力。并且介质小球的半径越小，梯度力将克服轴向散射力将微粒俘获至光束中心，微粒的单光束轴向光阱越稳定。当微粒的半径 $R=10$nm 时，作用在介质小球上的轴向力将推动微粒沿着光束传播的方向加速运动，并且由于散射力和梯度力的叠加使得光辐射力的峰值刚好位于高斯光束中心的后面。图 2.6(c)和(d)所示，对于中等尺度的粒子或米粒子来说，由瑞利模型得到的轴向力分量与 GLMT 得到的结果不一致，并且微粒尺度越大差异越明显，在光束中心 $O_b$ 处差异达到最大，其主要原因在于违背了点偶极子散射的近似条件，从而引起散射力的计算误差。这说明对于 $R>\lambda/20$ 的微粒来说，光散射的点偶极子近似只是瑞利散射理论的一个粗略估计，此时必须采用严格的电磁场模型来模拟激光束对微粒的光学微操控[87]。

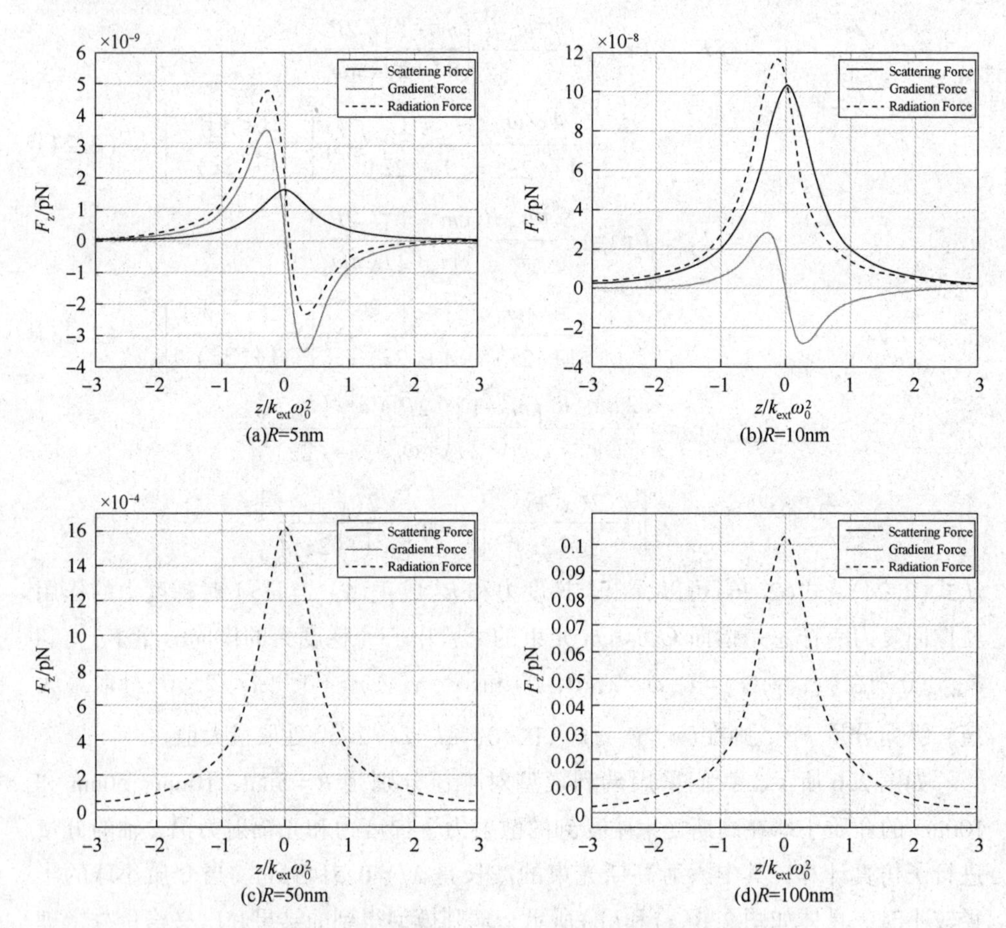


(a)$R$=5nm (b)$R$=10nm (c)$R$=50nm (d)$R$=100nm

图 2.6 采用瑞利模型计算不同半径的粒子在高斯光束中受到的散射力、梯度力和光辐射力沿 $z$ 轴的分量(a)$R=5$nm；(b)$R=10$nm；(c)$R=50$nm；(d)$R=100$nm

### 2.2.3 电磁场模型

光镊技术发明初期，理论上的研究主要是几何光学的方法。近十几年来，为了能够更精确地模拟实验参数对光镊的影响，人们根据光的电磁场理论得到了多种光镊电磁场模型的算法和程序，这为光镊的设计和改良提供了很好的指导作用。

电磁场模型是从电磁场对微粒施加的洛伦兹力(Lorentz Force)为基础来研究微粒的光辐射力，一般来说需要分为以下三个步骤：首先是求解入射光的电磁场表达式；第二是模拟微粒对入射光的散射作用，也就是求解光束经微粒散射后的散射场和微粒内部光场的表达式；最后根据光场的入射系数和散射系数就可以计算微粒在光镊中受到的光辐射力。

对于光束电磁场的求解问题一般采用电磁散射的方法来处理，如广义洛伦兹米散射理论[89][90](General Lorenz Mie Theory，GLMT)、T 矩阵方法[99]~[101](T-matrix)、时域有限差分方法[112]~[113](Finite Difference Time Domain，FDTD)、角谱分析法(Angular Spectrum Analysis，ASA)、矩量法[114]~[116](Method of Moments，MOM)、有限元法[117](Finite Element Method，FEM)等等。

1. 广义洛伦兹米散射理论(GLMT)

在激光的应用中，经常会把激光束聚焦成宽度很小的光束，当光束的光斑直径和所操控微粒的尺度相当时，经典米氏理论[73]不再适用，为此 Grehan 等人[89]在米氏理论的基础上建立起 GLMT 方法，用来处理激光束和微粒之间的相互作用。

在球坐标系($r$，$\theta$，$\varphi$)中，光束的 Bromwich 标量势 $U_{TM}$ 和 $U_{TE}$ 可以表示为[91]~[94](TM 表示横磁场，TE 表示横电场)：

$$U_{TE}^{beam}(r,\ \theta,\ \varphi)=E_0\sum_{n=1}^{\infty}\sum_{m=-n}^{+n}\frac{1}{k}i^n c_n^{pw} g_{n,\ TE}^{m}\psi_n(kr)P_n^{|m|}(\cos\theta)\exp(im\varphi) \tag{2.27}$$

$$U_{TM}^{beam}(r,\ \theta,\ \varphi)=E_0\sum_{n=1}^{\infty}\sum_{m=-n}^{+n}\frac{1}{k}i^n c_n^{pw} g_{n,\ TM}^{m}\psi_n(kr)P_n^{|m|}(\cos\theta)\exp(im\varphi) \tag{2.28}$$

$$c_n^{pw}=\frac{2n+1}{2n(n+1)} \tag{2.29}$$

式中 $E_0$——光束的归一化常数；

$k$——光束的波数；

$\psi_n(kr)$——黎卡提贝塞尔函数(Riccati-Bessel Functions)；

$P_n^{|m|}(\cos\theta)$——连带勒让德多项式(Associated Legendre Polynomials)；

$g_{n,TM}^{m}$ 和 $g_{n,TE}^{m}$——波束形状因子(Beam Shape Coefficients，BSCs)。

BSCs 只与入射光束有关，可以根据入射光束的径向电磁场分量 $E_{rad}^{beam}(r,\ \theta,\ \varphi)$

和 $B_{rad}^{beam}(r, \theta, \varphi)$ 来确定：

$$g_{n,TE}^{m} = \frac{(-i)^{n-1}}{2\pi} \frac{kr}{j_n(kr)} \frac{(n-|m|)!}{(n+|m|)!} \cdot \int_0^{\pi}\int_0^{2\pi} cB_{rad}^{beam}(r, \theta, \varphi) P_n^{|m|}(\cos\theta) \exp(-im\varphi) \sin\theta \mathrm{d}\theta \mathrm{d}\varphi \tag{2.30}$$

$$g_{n,TM}^{m} = \frac{(-i)^{n-1}}{2\pi} \frac{kr}{j_n(kr)} \frac{(n-|m|)!}{(n+|m|)!} \cdot \int_0^{\pi}\int_0^{2\pi} E_{rad}^{beam}(r, \theta, \varphi) P_n^{|m|}(\cos\theta) \exp(-im\varphi) \sin\theta \mathrm{d}\theta \mathrm{d}\varphi \tag{2.31}$$

对于轴上光束来说，BSCs 只有在 $m=\pm 1$ 时不为零，即 $g_{n,TE}^{1}=-ig_{n,TE}$，$g_{n,TE}^{-1}=ig_{n,TE}$，$g_{n,TM}^{\pm 1}=g_{n,TM}$。光束经半径为 $R$，折射率为 $n_{int}$ 的米氏微粒散射后的散射场 Bromwich 标量势和微粒内部光场的 Bromwich 标量势可以表示为：

$$U_{TE}^{scatt}(r, \theta, \varphi) = -\sum_{n=1}^{\infty}\sum_{m=-n}^{+n} \frac{E_0}{k} i^n C_n^{pw} B_n^m \zeta_n^{(1)}(kr) P_n^{|m|}(\cos\theta) \exp(im\varphi) \tag{2.32}$$

$$U_{TM}^{scatt}(r, \theta, \varphi) = -\sum_{n=1}^{\infty}\sum_{m=-n}^{+n} \frac{E_0}{k} i^n C_n^{pw} A_n^m \zeta_n^{(1)}(kr) P_n^{|m|}(\cos\theta) \exp(im\varphi) \tag{2.33}$$

$$U_{TE}^{\text{interior}}(r, \theta, \varphi) = \sum_{n=1}^{\infty}\sum_{m=-n}^{+n} \frac{n_{int}E_0}{k} i^n C_n^{pw} D_n^m \psi_n(n_{int}kr) P_n^{|m|}(\cos\theta) \exp(im\varphi) \tag{2.34}$$

$$U_{TM}^{\text{interior}}(r, \theta, \varphi) = \sum_{n=1}^{\infty}\sum_{m=-n}^{+n} \frac{n_{int}E_0}{k} i^n C_n^{pw} C_n^m \psi_n(n_{int}kr) P_n^{|m|}(\cos\theta) \exp(im\varphi) \tag{2.35}$$

式中 $\zeta_n^{(1)}(kr)$——黎卡提汉克尔函数；

$A_n^m$、$B_n^m$ 和 $C_n^m$、$D_n^m$——散射场和微粒内部场的振幅。

根据电磁场在微粒表面处的边界条件可以得到：

$$A_n^m = a_n g_{n,TM}^m, \quad B_n^m = b_n g_{n,TE}^m \tag{2.36}$$

$$C_n^m = c_n g_{n,TM}^m, \quad D_n^m = d_n g_{n,TE}^m \tag{2.37}$$

在 $r\to\infty$ 的远场区域，散射场的光强分布可以表示为：

$$I_{scatt}(r, \theta, \varphi) = \frac{E_0^2}{c\mu_0}\left(\frac{1}{kr}\right)^2 \left[|S_1(\theta, \varphi)|^2 + |S_2(\theta, \varphi)|^2\right] \tag{2.38}$$

总的散射振幅可以表示为：

$$S_1(\theta, \varphi) = \sum_{n=1}^{\infty} \sum_{m=-n}^{n} C_n^{pw} [-ima_n g_{n, TM}^m \pi_n^{|m|}(\theta) + b_n g_{n, TE}^m \tau_n^{|m|}(\theta)] \exp(im\varphi) \tag{2.39}$$

$$S_2(\theta, \varphi) = \sum_{n=1}^{\infty} \sum_{m=-n}^{+n} C_n^{pw} [imb_n g_{n, TE}^m \pi_n^{|m|}(\theta) + a_n g_{n, TM}^m \tau_n^{|m|}(\theta)] \exp(im\varphi) \tag{2.40}$$

其中,

$$\pi_n^{|m|}(\theta) = \frac{1}{\sin\theta} P_n^{|m|}(cos\theta) \tag{2.41}$$

$$\tau_n^{|m|}(\theta) = \frac{d}{d\theta} P_n^{|m|}(cos\theta) \tag{2.42}$$

由以上得到的 GLMT 公式可以得到光束经 Mie 粒子散射后的消光截面 $C_{sca}$、散射截面 $C_{ext}$和辐射力截面 $C_{pr}$[95]，用公式可以表示为:

$$C_{sca} = \frac{\lambda^2}{\pi} \sum_{n=1}^{\infty} \sum_{m=-n}^{+n} \frac{2n+1}{n(n+1)} \frac{(n+|m|)!}{(n-|m|)!} (|a_n|^2 |g_{n, TM}^m|^2 + |b_n|^2 |g_{n, TE}^m|^2) \tag{2.43}$$

$$C_{ext} = \frac{\lambda^2}{\pi} \mathrm{Re}\left[ \sum_{n=1}^{\infty} \sum_{m=-n}^{+n} \frac{2n+1}{n(n+1)} \frac{(n+|m|)!}{(n-|m|)!} (a_n |g_{n, TM}^m|^2 + b_n |g_{n, TE}^m|^2) \right] \tag{2.44}$$

$$\begin{aligned} C_{pr, x} + iC_{pr, y} = & \frac{\lambda^2}{2\pi} \sum_{p=1}^{\infty} \sum_{n=p}^{\infty} \sum_{m=p-1\neq 0}^{\infty} \frac{(n+p)!}{(n-p)!} \\ & \cdot \left[ \left( \frac{\delta_{m, n+1}}{m^2} - \frac{\delta_{n, m+1}}{n^2} \right) (S_{mn}^{p-1} + S_{nm}^{-p} - 2U_{mn}^{p-1} - 2U_{nm}^{-p}) \right. \\ & \left. + \frac{(2n+1)\delta_{nm}}{n^2(n+1)^2} (T_{mn}^{p-1} - T_{nm}^{-p} - 2V_{mn}^{p-1} + 2V_{nm}^{-p}) \right] \end{aligned} \tag{2.45}$$

$$\begin{aligned} C_{pr, z} = & \frac{\lambda^2}{\pi} \sum_{n=1}^{\infty} \sum_{m=-n}^{+n} \left\{ \frac{1}{(n+1)^2} \frac{(n+1+|m|)!}{(n-|m|)!} \mathrm{Re}[(a_n + a_{n+1}^* - 2a_n a_{n+1}^*) \right. \\ & \cdot g_{n, TM}^m g_{n+1, TM}^{m*} + (b_n + b_{n+1}^* - 2b_n b_{n+1}^*) g_{n, TE}^m g_{n+1, TE}^{m*}] \\ & \left. + m \frac{2n+1}{n^2(n+1)^2} \frac{(n+|m|)!}{(n-|m|)!} \mathrm{Re}[i(2a_n b_n^* - a_n - b_n^*) g_{n, TM}^m g_{n, TE}^{m*}] \right\} \end{aligned} \tag{2.46}$$

其中,

$$U_{nm}^{p}=a_{n}a_{m}^{*}g_{n,TM}^{p}g_{m,TM}^{p+1*}+b_{n}b_{m}^{*}g_{n,TE}^{p}g_{m,TE}^{p+1*} \tag{2.47}$$

$$V_{nm}^{p}=ib_{n}a_{m}^{*}g_{n,TE}^{p}g_{m,TM}^{p+1*}-ia_{n}b_{m}^{*}g_{n,TM}^{p}g_{m,TE}^{p+1*} \tag{2.48}$$

$$S_{nm}^{p}=(a_{n}+a_{m}^{*})g_{n,TM}^{p}g_{m,TM}^{p+1*}+(b_{n}+b_{m}^{*})g_{n,TE}^{p}g_{m,TE}^{p+1*} \tag{2.49}$$

$$T_{nm}^{p}=-i(a_{n}+b_{m}^{*})g_{n,TM}^{p}g_{m,TE}^{p+1*}+i(b_{n}+a_{m}^{*})g_{n,TE}^{p}g_{m,TM}^{p+1*} \tag{2.50}$$

根据式(2.45)~(2.46)表示的辐射力截面就可以计算米氏粒子在光镊中受到的光辐射力。严格的 GLMT 算法中要解决的主要问题就是求解入射光束的波束形状因子 BSCs，可是对和式的积分却是非常复杂，为了避免这个复杂的计算，人们又发展了许多的计算方法[96][97]。GLMT 算法对散射问题的求解依赖于特殊坐标系中的矢量波动方程，对于特殊形状的粒子，如球体、椭球体、圆柱体或偏心球体，可以分别在相应的坐标系中用分离变量法对亥姆霍兹方程进行求解来得到解析解。GLMT 算法要求粒子的表面形状必须和所选取的坐标系一致，可是实际中操控的粒子形状往往是不规则，并且结构也非常复杂，由于没有与之相匹配的特殊坐标系，所以 GLMT 算法不能用来处理复杂形状和结构的微粒。

2. T 矩阵法

T 矩阵算法最初是由 Waterman 在 1971 年提出的[99]，用来处理任意形状的均匀粒子对电磁波的散射问题，这种方法的思想是将入射波和散射波以矢量球面波函数(Vector Spherical Wave Function，VSWF)为基矢展开，然后用 T 矩阵将入射波的系数和散射波的系数联系起来[101]。随后 Nieminen 等人又将 T 矩阵法用于计算微粒在光镊中所受到的光辐射力问题[102]~[105]。

根据麦克斯韦方程组可知单色光的电磁场在无源区域都应该满足亥姆霍兹方程$\nabla^2\mathbf{E}+k^2\mathbf{E}=0$，所以入射光束和散射光束的电磁场都可以用一组正交归一的基函数表示：

$$U_{inc}=\sum_{n}^{\infty}a_{n}\psi_{n}^{(inc)} \tag{2.51}$$

$$U_{sca}=\sum_{k}^{\infty}p_{k}\psi_{k}^{(sca)} \tag{2.52}$$

这些基函数都是亥姆霍兹方程的解，$a_n$ 和 $p_k$ 分别是入射系数和散射系数。如果散射微粒对光束的响应是线性的，那么散射光与入射光之间的关系也是线性的，这样 $a_n$ 和 $p_k$ 之间的关系就可以用矩阵 **T** 来表示为：

$$p_{k}=\sum_{n}^{\infty}T_{kn}a_{n} \tag{2.53}$$

式中　$T_{kn}$——矩阵 **T** 的矩阵元。

在处理光镊问题时，我们选取的散射微粒是球对称分布的，并且其尺寸往往是波长量级的，所以和式中的基函数可以由矢量球面波函数组成，其具体形式为：

$$\mathbf{M}_{nm}^{(1,2)}(k\mathbf{r})=N_n h_n^{(1,2)}(\mathbf{kr})\mathbf{C}_{nm}(\theta,\ \varphi) \tag{2.54}$$

$$\mathbf{N}_{nm}^{(1,2)}(k\mathbf{r})=\frac{h_n^{(1,2)}(k\mathbf{r})}{krN_n}\mathbf{P}_{nm}(\theta,\ \varphi)+\mathbf{N}_n\left(h_{n-1}^{(1,2)}(\mathbf{kr})-\frac{nh_n^{(1,2)}(\mathbf{kr})}{kr}\right)\mathbf{B}_{nm}(\theta,\ \varphi) \tag{2.55}$$

其中 $h_n^{(1,2)}(kr)$——汉克尔函数；

$N_n=\frac{1}{\sqrt{n(n+1)}}$——归一化因子，$\mathbf{B}_{nm}(\theta,\ \varphi)=\mathbf{r}\ \nabla Y_n^m(\theta,\ \varphi)$，$\mathbf{P}_{nm}(\theta,\ \varphi)=\mathbf{r}\ \nabla Y_n^m(\theta,\ \varphi)$。

和式中的上标 1 和 2 分别表示向外和向内传播横电波 *TE*(*Transverse Electric Wave*)和横磁波 *TM*(*Transverse Magnetic Wave*)。这样入射场和散射场可以表示为：

$$\mathbf{E}_{inc}(\mathbf{r})=\sum_{n=1}^{\infty}\sum_{m=-n}^{n}[a_{nm}Rg\ \mathbf{M}_{nm}(k\mathbf{r})+b_{nm}Rg\ \mathbf{N}_{nm}(k\mathbf{r})] \tag{2.56}$$

$$\mathbf{E}_{sca}(\mathbf{r})=\sum_{n=1}^{\infty}\sum_{m=-n}^{n}[p_{nm}Rg\ \mathbf{M}_{nm}(k\mathbf{r})+q_{nm}Rg\ \mathbf{N}_{nm}(k\mathbf{r})] \tag{2.57}$$

式中，$Rg\ \mathbf{M}_{nm}(k\mathbf{r})$和 $Rg\ \mathbf{N}_{nm}(k\mathbf{r})$是无奇点的规则矢量球面波函数：

$$Rg\ \mathbf{M}_{nm}(k\mathbf{r})=\frac{1}{2}[\mathbf{M}_{nm}^{(1)}(k\mathbf{r})+\mathbf{M}_{nm}^{(2)}(k\mathbf{r})] \tag{2.58}$$

$$Rg\ \mathbf{N}_{nm}(k\mathbf{r})=\frac{1}{2}[\mathbf{N}_{nm}^{(1)}(k\mathbf{r})+\mathbf{N}_{nm}^{(2)}(k\mathbf{r})] \tag{2.29}$$

入射系数和散射系数满足如下关系：

$$p_{nm}=\sum_{n'=1}^{nmax}\sum_{m'=-n'}^{n'}[T_{nmn'm'}^{11}a_{n'm'}+T_{nmn'm'}^{12}b_{n'm'}] \tag{2.60}$$

$$q_{nm}=\sum_{n'=1}^{nmax}\sum_{m'=-n'}^{n'}[T_{nmn'm'}^{21}a_{n'm'}+T_{nmn'm'}^{22}b_{n'm'}] \tag{2.61}$$

将上式用矩阵符号表示为：

$$\begin{bmatrix}p\\q\end{bmatrix}=\mathbf{T}\begin{bmatrix}a\\b\end{bmatrix}=\begin{bmatrix}T^{11}&T^{12}\\T^{21}&T^{22}\end{bmatrix}\begin{bmatrix}a\\b\end{bmatrix} \tag{2.62}$$

式(2.62)就是 **T** 矩阵法的基本公式，**T** 矩阵可以根据扩展边界条件法(extended boundary condition method, EBCM)进行求解[106]。这样散射微粒受到的光辐射力以及力矩都可以用光场的入射系数和散射系数来表示，例如 $z$ 轴方向的光辐射力和力矩可以分别表示为：

$$F_z=\frac{2}{P}\sum_{n=1}^{\infty}\sum_{m=-n}^{n}\frac{m}{n(n+1)}\mathrm{Re}\left[a_n^{*}mb_{nm}-p_{nm}^{*}q_{nm}\right]$$
$$-\frac{1}{n+1}\sqrt{\frac{n(n+2)(n-m+1)(n+m+1)}{(2n+1)(2n+3)}}$$
$$\cdot\mathrm{Re}\left[a_{nm}a_{n+1,\ m}^{*}+b_{nm}b_{n+1,\ m}^{*}-q_{nm}q_{n+1,\ m}^{*}\right]\tag{2.63}$$

$$T_z=\frac{1}{P}\sum_{n=1}^{n\max}\sum_{m=-n}^{n}m(|a_{nm}|^2+|b_{nm}|^2-|p_{nm}|^2-|q_{nm}|^2)\tag{2.64}$$

其中　$P$——入射光束的光功率。

而微粒沿 $x$ 轴和 $y$ 轴方向的光辐射力和力矩则可以通过坐标系的旋转变换得到[107]。

**T** 矩阵法在光镊微操控的数值模拟过程中具有很大的优越性，它不仅可以用来处理均匀球对称微粒(此时 **T** 矩阵退化为对角矩阵)，还可以用来处理非球形微粒，如随机球状体微粒[108]、旋转椭球体[109]、纳米圆柱体[110]、超椭球体和圆角立方体[111]等。并且 **T** 矩阵只取决于微粒的性质和入射光波的波长，而与入射光束的性质无关，所以对于同一种微粒来说，只需要计算一次 **T** 矩阵，就可以用于散射场分布、光辐射力和力矩等的重复计算中。

## 第三节　本章小结

光镊对微小粒子施加的光辐射力是利用强聚焦激光束的动力学效应来实现的，激光束与微粒之间相互作用力的大小和方向与激光束的波长、强度分布以及聚焦角度都有关系，同时微粒的性质，如尺度、形状、折射率、吸收率等也与辐射力有密切的关系。对于光镊的理论分析不仅可以用来分析实验中出现的各种现象，同时也为优化光镊仪器的设计提供了很好的理论指导。

根据被操控微粒的尺度大小将光辐射力的计算分为三种模型，分别是几何光学模型、瑞利模型和电磁场模型。早期的光镊研究主要是依据几何光学模型，其计算比较简单，直观且易于理解，对较大尺寸的微粒的计算有一定的参考价值。瑞利模型适用于微粒半径远小于波长的情况，这时可以将微粒看作是位于球心处的点偶极子。当微粒半径 $R>\lambda/20$ 时，瑞利模型的计算结果将会出现偏差，并随着半径的增大成几十倍的递增趋势。而对于介观粒子（$R\sim\lambda$）来说，就必须采用更精确的电磁模型，该模型得到的计算结果可以为高精度的光镊仪器设计和优化提供很好的理论指导。

# 第三章

# 高斯光束和空心高斯光束对微粒的散射和操控

# 第一节　引　　言

光镊之所以能够对微小粒子进行俘获，是因为光束照射在微粒表面上时，由于光束的反射和折射，使得光束与微粒之间发生动量的传递，这样微粒就受到梯度力和散射力的共同作用，从而实现光束对微粒的微操控。常用的光镊都是以高斯光束为入射光束来实现光学微操控，根据米散射理论我们分析了当微粒的尺度和入射光波相比拟时，微粒对光束的散射行为，并以此为基础对微粒在紧聚焦高斯光束中的受力情况给出了定量的结果和分析。

随着激光技术的飞速发展，人们利用各种相位调制器对高斯光束进行调制，可以得到各种特殊形状的激光束，如椭圆高斯光束、贝塞尔光束、平顶光束[118]、空心光束、艾里光束和涡旋光束等等。空心光束，顾名思义，其中心光强为零，也称作暗中空光束。相比一般激光束而言，空心光束具有一系列独特的物理性质，如光强呈筒状分布、中心暗斑面积较小、近无衍射特性、具有自旋和轨道角动量。使得空心光束在生物医学、微电子学、光信息处理以及微观粒子的光学囚禁等方面有着广泛的应用前景[130]。获得空心光束的方法有很多种，比如横模选择法[119]、几何光学法、模式变换法、全息法、中空光纤法等等，本章将采用Cai[131][132]提出的空心高斯光束的理论模型来研究空心光束在介质中的传播机制，空心高斯光束的光强在近场区域呈现筒状分布，并且在传播几个衍射长度的距离，其形状不会发生变化，光轴中心的光强仍然为零。随着传播距离的增加，比如十倍的衍射长度，这时光束宽度发生展宽，中心暗斑开始消失，取而代之的是一个强度更强的亮斑。正是由于空心光束在传播过程中的这种特殊性质，使得空心光束在光镊的微操控中有着很重要的应用。

在光镊的理论研究中，根据散射微粒的尺度可以分为几何光学模型、瑞利模型和米散射理论模型。自空心高斯光束的理论模型提出后，人们已经将其应用于光操控的研究中，可是这些研究都集中在空心高斯光束对瑞利粒子的研究中，本章将采用 Barton 提出的理论模型来计算较大尺寸的米氏微粒在空心高斯光束中的受力情况，并分析当微粒折射大于或小于周围介质折射率时，空心高斯光束对微粒产生的力学效应。

# 第二节 微粒对高斯光束的散射研究

## 3.2.1 五阶修正高斯光束

假设光束在各向同性均匀无磁性的线性介质($\rho=0$，$\boldsymbol{J}=0$，$\mu_r=1$)中传播，电磁场与时间相关的时谐因子是 $\exp(-i\omega t)$，电磁场 $\mathbf{E}(\mathbf{r},t)$ 和 $\mathbf{H}(\mathbf{r},t)$ 满足亥姆霍兹方程组：

$$\begin{cases}\nabla\times\mathbf{E}(\mathbf{r},t)=-\dfrac{\partial\mathbf{B}(\mathbf{r},t)}{\partial t}\\ \nabla\times\mathbf{H}(\mathbf{r},t)=\dfrac{\partial\mathbf{D}(\mathbf{r},t)}{\partial t}\\ \nabla\cdot\mathbf{D}(\mathbf{r},t)=0\\ \nabla\cdot\mathbf{B}(\mathbf{r},t)=0\end{cases}\tag{3.1}$$

将时谐因子代入，则亥姆霍兹方程可以写成如下形式：

$$\begin{cases}\nabla\times\mathbf{E}(\mathbf{r})-ic\mu_0k_{ext}\dfrac{\mathbf{H}(\mathbf{r})}{n_{ext}}=0\\ \nabla\times\dfrac{\mathbf{H}(\mathbf{r})}{n_{ext}}+i\dfrac{k_{ext}}{c\mu_0}\mathbf{E}(\mathbf{r})=0\\ \nabla\cdot\mathbf{E}(\mathbf{r})=0\\ \nabla\cdot\dfrac{\mathbf{H}(\mathbf{r})}{n_{ext}}=0\end{cases}\tag{3.2}$$

其中 $\mu_0$——真空的磁导率；

$c$——真空中的光速；

$n_{ext}$——传播介质的折射率；

$k_{ext}$——光在介质中传播的波数($k_{ext}=n_{ext}k_0=2n_{ext}\pi/\lambda_0$)。

根据麦克斯韦方程组的第一和第四式引入矢势 $\mathbf{A}(\mathbf{r})$ 和标势 $\varphi(\mathbf{r})$ 来描述电磁场，这样 $\mathbf{E}(\mathbf{r})$ 和 $\mathbf{H}(\mathbf{r})$ 可以表示为：

$$\mathbf{H}(\mathbf{r})=\frac{n_{ext}}{\mu_0}\nabla\times\mathbf{A}(\mathbf{r})\tag{3.3}$$

$$\mathbf{E}(\mathbf{r})=ick_{ext}\mathbf{A}(\mathbf{r})-\nabla\varphi(\mathbf{r})\tag{3.4}$$

将式(3.3)~式(3.4)代入麦克斯韦方程组的第二和第三式，得到洛伦兹规范条件(Lorenzo Gauge Condition)：

$$\nabla \cdot \mathbf{A}(\mathbf{r})-\frac{ik_{ext}}{c}\varphi(\mathbf{r})=0 \tag{3.5}$$

在洛伦兹规范条件下，电磁场的矢势和标势都满足亥姆霍兹方程：

$$\nabla^2\mathbf{A}(\mathbf{r})+k_{ext}^2\mathbf{A}(\mathbf{r})=0 \tag{3.6}$$

$$\nabla^2\varphi(\mathbf{r})+k_{ext}^2\varphi(\mathbf{r})=0 \tag{3.7}$$

这样电磁场既可以直接用场量 $\mathbf{E}(\mathbf{r})$ 和 $\mathbf{H}(\mathbf{r})$ 描述，也可以用矢势 $\boldsymbol{A}(\mathbf{r})$ 和标势 $\varphi(\mathbf{r})$ 来描述，这两种描述方式是等价的。假设高斯光束是沿 $x$ 方向偏振，沿 $z$ 方向传播的线偏光，光束的束腰半径是 $\omega_0$，中心位置坐标是$(x_0, y_0, z_0)$，这样矢势可以表示为：

$$\mathbf{A}(\mathbf{r})=A_x(\mathbf{r})\hat{i}=\psi(x, y, z)\exp[ik_{ext}(z-z_0)]\hat{i} \tag{3.8}$$

将式(3.8)代入式(3.6)，可以得到 $\psi(x, y, z)$ 满足的偏微分方程：

$$\frac{\partial^2\psi}{\partial x^2}+\frac{\partial^2\psi}{\partial y^2}+\frac{\partial^2\psi}{\partial z^2}+2ik_{ext}\frac{\partial\psi}{\partial z}=0 \tag{3.9}$$

对坐标系进行变量替换，将横向坐标按高斯光束的束腰半径 $\omega_0$，纵向坐标按光束的衍射长度 $l=k_{ext}\omega_0^2$ 进行归一化：$\xi=(x-x_0)/\omega_0$，$\eta=(y-y_0)/\omega_0$，$\zeta=(z-z_0)/k_{ext}\omega_0^2$。在归一化坐标系中矢势 $\mathbf{A}$ 可以表示为：

$$\mathbf{A}=\psi(\xi, \eta, \zeta)\exp\left(\frac{i\zeta}{s^2}\right)\hat{i} \tag{3.10}$$

其中，$s=1/k_{ext}\omega_0$ 是高斯光束的限制因子，经坐标变换后方程可以重新整理成为：

$$\frac{\partial^2\psi}{\partial\xi^2}+\frac{\partial^2\psi}{\partial\eta^2}+2i\frac{\partial\psi}{\partial\zeta}=-s^2\frac{\partial^2\psi}{\partial\zeta^2} \tag{3.11}$$

当束腰半径 $\omega_0\to\infty$时，$s\to0$，高斯光束退化为平面波的形式。对于紧聚焦高斯光束来说，光束的束腰半径和波长相当，如果 $s$ 比较小时($\omega_0\geqslant\lambda_{ext}$)，$\psi$ 可以近似地表示成 $s^2$ 的级数形式，即：

$$\psi=\psi_0+s^2\psi_2+s^4\psi_4+\cdots \tag{3.12}$$

这样方程可以分解为如下形式方程组：

$$\begin{cases}\dfrac{\partial^2\psi_0}{\partial\xi^2}+\dfrac{\partial^2\psi_0}{\partial\eta^2}+2i\dfrac{\partial\psi_0}{\partial\zeta}=0\\ \dfrac{\partial^2\psi_2}{\partial\xi^2}+\dfrac{\partial^2\psi_2}{\partial\eta^2}+2i\dfrac{\partial\psi_2}{\partial\zeta}=-\dfrac{\partial^2\psi_0}{\partial\zeta^2}\\ \dfrac{\partial^2\psi_4}{\partial\xi^2}+\dfrac{\partial^2\psi_4}{\partial\eta^2}+2i\dfrac{\partial\psi_4}{\partial\zeta}=-\dfrac{\partial^2\psi_2}{\partial\zeta^2}\\ \cdots\cdots\\ \dfrac{\partial^2\psi_{2n}}{\partial\xi^2}+\dfrac{\partial^2\psi_{2n}}{\partial\eta^2}+2i\dfrac{\partial\psi_{2n}}{\partial\zeta}=-\dfrac{\partial^2\psi_{2(n-1)}}{\partial\zeta^2}\end{cases}\tag{3.13}$$

其中式(3.13)中的第一式就是傍轴条件下的高斯光束方程，其解可以表示为：

$$\psi_0=iQ\exp(-i\rho^2Q)\tag{3.14}$$

其中，$Q=1/(i-2\zeta)$，$\rho^2=\xi^2+\eta^2$，将代入方程组，可依次得到：

$$\begin{cases}\psi_0=iQ\exp(-i\rho^2Q)\\ \psi_2=(2iQ+i\rho^4Q^3)\psi_0\\ \psi_4=(-6Q^2-3\rho^4Q^4-2i\rho^6Q^5-\dfrac{1}{2}\rho^8Q^6)\psi_0\\ \cdots\cdots\end{cases}\tag{3.15}$$

这样矢势 **A** 就可以表示为：

$$\mathbf{A}\approx(\psi_0+s^2\psi_2+s^4\psi_4)\exp(i\zeta/s^2)\hat{i}\tag{3.16}$$

将上式代入式(3.3)~(3.5)就可以得到高斯光束电磁场分布的五阶修正表达式，这样得到的电磁场除一阶项以外的高阶项都是不对称的，为了使其具有对称的形式，可将上述过程进行对称推导，最后得到的电磁场如下式所示：

$$\begin{aligned}E_x=E_0[&1+s^2(-\rho^2Q^2+i\rho^4Q^3-2\xi^2Q^2)\\&+s^4\left(2\rho^4Q^4-3i\rho^6Q^5-\frac{1}{2}\rho^8Q^6-2i\xi^2\rho^4Q^5+8\xi^2\rho^2Q^4)\right]\psi_0\exp(i\zeta/s^2)\end{aligned}\tag{3.17}$$

$$E_y=E_0[-2s^2\xi\eta Q^2+s^4\xi\eta(8\rho^2Q^4-2i\rho^4Q^5)]\psi_0\exp(i\zeta/s^2)\tag{3.18}$$

$$\begin{aligned}E_z=E_0[&2s\xi Q+s^3\xi(2i\rho^4Q^4-6\rho^2Q^3)\\&+s^5\xi(20\rho^4Q^5-10i\rho^6Q^6-\rho^8Q^7)]\psi_0\exp(i\zeta/s^2)\end{aligned}\tag{3.19}$$

$$H_x=n_{ext}\sqrt{\frac{\varepsilon_0}{\mu_0}}E_0[-2s^2\xi\eta Q^2+s^4\xi\eta(8\rho^2Q^4-2i\rho^4Q^5)]\cdot\psi_0\exp(i\zeta/s^2)\tag{3.20}$$

$$H_y = n_{ext}\sqrt{\frac{\varepsilon_0}{\mu_0}}E_0\,[1+s^2(-\rho^2Q^2+i\rho^4Q^3-2\eta^2Q^2)$$
$$+s^4\left(2\rho^4Q^4-\frac{1}{2}\rho^8Q^6-2i\eta^2\rho^4Q^5\right.$$
$$\left.+8\eta^2\rho^2Q^4-3i\rho^6Q^5\right)]\,\psi_0\exp(i\zeta/s^2) \tag{3.21}$$

$$H_z = n_{ext}\sqrt{\frac{\varepsilon_0}{\mu_0}}E_0\,[2s\eta Q+s^3\eta(2i\rho^4Q^4-6\rho^2Q^3)$$
$$+s^5\eta(20\rho^4Q^5-10i\rho^6Q^6-\rho^8Q^7)]\,\psi_0\exp(i\zeta/s^2) \tag{3.22}$$

式中　$E_0$——高斯光束焦点($x_0$，$y_0$，$z_0$)处电场的振幅，其和光束的功率 $P$ 满足如下关系：

$$P=\frac{10^7}{16c}n_{ext}\omega_0^2\left(1+s^2+\frac{3}{2}s^4\right)|E_0|^2 \tag{3.23}$$

### 3.2.2　微粒对高斯光束的散射

本节我们分析高斯光束经米氏微粒散射后的散射光场分布情况，假设光束在折射率为 $n_{ext}$ 的各向同性均匀介质中传播，散射微粒的半径 $R$ 和入射光的波长 $\lambda_{ext}$ 相当，其折射率是 $n_{int}$。图 3.1 给出了微粒对高斯光束散射的示意图，主坐标系($x$，$y$，$z$)和参考坐标系($x'$，$y'$，$z'$)分别建立在微粒中心和高斯光束束腰中心处，$O'$在主坐标系的位置坐标记为($x_0$，$y_0$，$z_0$)，根据散射微粒的形状选取球坐标系($r$，$\theta$，$\varphi$)，使其坐标原点位于微粒球心处。

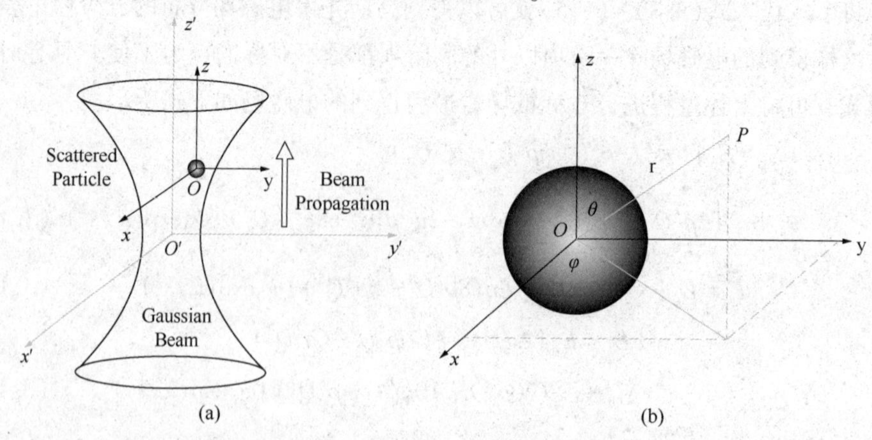


图 3.1　微粒对高斯光束散射的示意图

对于任意电磁场来说，都可以通过将电波场(磁场的径向分量为零，$H_r^e=0$)和磁波场(电场的径向分量为零，$E_r^e=0$)写成求和的形式来进行求解[133]。假设电波场和磁波场的标量势分别是 $\psi^e$ 和 $\psi^m$，它们都满足亥姆霍兹方程：

$$\begin{cases}\nabla^2\psi^e+k^2\psi^e=0\\ \nabla^2\psi^m+k^2\psi^m=0\end{cases}\tag{3.24}$$

根据麦克斯韦方程组，可以得到电磁场的六个分量在球坐标系中的表达式：

$$E_r=\frac{\partial^2(r\psi^e)}{\partial r^2}+k^2r\psi^e\tag{3.25}$$

$$E_\theta=\frac{1}{r}\frac{\partial^2(r\psi^e)}{\partial r\partial\theta}+\frac{ik_0}{r\sin\theta}\frac{\partial(r\psi^m)}{\partial\varphi}\tag{3.26}$$

$$E_\varphi=\frac{1}{r\sin\theta}\frac{\partial^2(r\psi^e)}{\partial r\partial\varphi}-\frac{ik_0}{r}\frac{\partial(r\psi^m)}{\partial\theta}\tag{3.27}$$

$$H_r=\frac{\partial^2(r\psi^m)}{\partial r^2}+k^2r\psi^m\tag{3.28}$$

$$H_\theta=\frac{1}{r}\frac{\partial^2(r\psi^m)}{\partial r\partial\theta}-\frac{ink}{r\sin\theta}\frac{\partial(r\psi^e)}{\partial\varphi}\tag{3.29}$$

$$H_\varphi=\frac{1}{r\sin\theta}\frac{\partial^2(r\psi^m)}{\partial r\partial\varphi}+\frac{ink}{r}\frac{\partial(r\psi^e)}{\partial\theta}\tag{3.30}$$

式中 $k=nk_0$——光束在传播介质中的波数；

$n$——相应介质的折射率；

$k_0=\omega/c$——真空中的波数。

方程的解可以根据分离变量法得到：

$$\begin{cases}r\psi^e=\sum\limits_{l=0}^{\infty}\sum\limits_{m=-l}^{l}[\tilde{A}_{lm}\psi_l(kr)+\tilde{B}_{lm}\chi_l(kr)]Y_{lm}(\theta,\varphi)\\ r\psi^m=\sum\limits_{l=0}^{\infty}\sum\limits_{m=-l}^{l}[\tilde{A}_{lm}\psi_l(kr)+\tilde{B}_{lm}\chi_l(kr)]Y_{lm}(\theta,\varphi)\end{cases}\tag{3.31}$$

式中 $\tilde{A}_{lm}$和$\tilde{B}_{lm}$——光场性质相关的常数；

$\psi_l(kr)$和$\chi_l(kr)$——黎卡提贝塞尔函数；

$Y_{lm}(\theta,\varphi)$——球谐函数。

在散射问题中，根据光束的性质，与入射光场、散射光场和微粒内部光场相关的矢势可以分别表示为：

$$入射光场:\begin{cases} r\psi^{e(i)} = \sum_{l=0}^{\infty}\sum_{m=-l}^{l} A_{lm}\psi_l(k_{ext}r)Y_{lm}(\theta,\ \varphi) \\ r\psi^{m(i)} = \sum_{l=0}^{\infty}\sum_{m=-l}^{l} B_{lm}\psi_l(k_{ext}r)Y_{lm}(\theta,\ \varphi) \end{cases} \tag{3.32}$$

$$散射光场:\begin{cases} r\psi^{e(s)} = \sum_{l=0}^{\infty}\sum_{m=-l}^{l} a_{lm}\xi_l^{(1)}(k_{ext}r)Y_{lm}(\theta,\ \varphi) \\ r\psi^{m(s)} = \sum_{l=0}^{\infty}\sum_{m=-l}^{l} b_{lm}\xi_l^{(1)}(k_{ext}r)Y_{lm}(\theta,\ \varphi) \end{cases} \tag{3.33}$$

$$内部光场:\begin{cases} r\psi^{e(w)} = \sum_{l=0}^{\infty}\sum_{m=-l}^{l} c_{lm}\psi_l(k_{int}r)Y_{lm}(\theta,\ \varphi) \\ r\psi^{m(w)} = \sum_{l=0}^{\infty}\sum_{m=-l}^{l} d_{lm}\psi_l(k_{int}r)Y_{lm}(\theta,\ \varphi) \end{cases} \tag{3.34}$$

式中 $k_{ext}$和$k_{int}$——光束在周围介质和微粒内部传播的波数；

$\xi_l^{(1)}=\psi_l-i\chi_l$，$A_{lm}$和$B_{lm}$——与入射场相关的入射系数；

$a_{lm}$和$b_{lm}$——与散射场相关的散射系数；

$c_{lm}$和$d_{lm}$——与微粒内部场相关的内部场系数。

将式(3.32)~(3.34)代入式(3.25)~(3.30)，经过计算就可以得到光束经微粒散射后电磁场在全空间的分布：

$$\begin{cases} E_r^{(i)} = \dfrac{R^2}{r^2}\sum_{l=1}^{\infty}\sum_{m=-l}^{l}[l(l+1)A_{lm}\psi_l(k_{ext}r)Y_{lm}(\theta,\ \varphi)] \\ E_\theta^{(i)} = \dfrac{k_{ext}R^2}{r}\sum_{l=1}^{\infty}\sum_{m=-l}^{l}\left[A_{lm}\psi'_l(k_{ext}r)\dfrac{\partial Y_{lm}(\theta,\ \varphi)}{\partial\theta} + \dfrac{i}{n_{ext}}B_{lm}\psi_l(k_{ext}r)\dfrac{1}{\sin\theta}\dfrac{\partial Y_{lm}(\theta,\ \varphi)}{\partial\varphi}\right] \\ E_\varphi^{(i)} = \dfrac{k_{ext}R^2}{r}\sum_{l=1}^{\infty}\sum_{m=-l}^{l}\left[A_{lm}\psi'_l(k_{ext}r)\dfrac{1}{\sin\theta}\dfrac{\partial Y_{lm}(\theta,\ \varphi)}{\partial\varphi} - \dfrac{i}{n_{ext}}B_{lm}\psi_l(k_{ext}r)\dfrac{\partial Y_{lm}(\theta,\ \varphi)}{\partial\theta}\right] \end{cases} \tag{3.35}$$

$$\begin{cases} H_r^{(i)} = \dfrac{R^2}{r^2}\sqrt{\dfrac{\varepsilon_0}{\mu_0}}\sum_{l=1}^{\infty}\sum_{m=-l}^{l}[l(l+1)B_{lm}\psi_l(k_{ext}r)Y_{lm}(\theta,\ \varphi)] \\ H_\theta^{(i)} = \dfrac{k_{ext}R^2}{r}\sqrt{\dfrac{\varepsilon_0}{\mu_0}}\sum_{l=1}^{\infty}\sum_{m=-l}^{l}\left[B_{lm}\psi'_l(k_{ext}r)\dfrac{\partial Y_{lm}(\theta,\ \varphi)}{\partial\theta} - in_{ext}A_{lm}\psi_l(k_{ext}r)\dfrac{1}{\sin\theta}\dfrac{\partial Y_{lm}(\theta,\ \varphi)}{\partial\varphi}\right] \\ H_\varphi^{(i)} = \dfrac{k_{ext}R^2}{r}\sqrt{\dfrac{\varepsilon_0}{\mu_0}}\sum_{l=1}^{\infty}\sum_{m=-l}^{l}\left[B_{lm}\psi'_l(k_{ext}r)\dfrac{1}{\sin\theta}\dfrac{\partial Y_{lm}(\theta,\ \varphi)}{\partial\varphi} + in_{ext}A_{lm}\psi_l(k_{ext}r)\dfrac{\partial Y_{lm}(\theta,\ \varphi)}{\partial\theta}\right] \end{cases} \tag{3.36}$$

$$\begin{cases} E_r^{(s)} = \dfrac{R^2}{r^2}\sum_{l=1}^{\infty}\sum_{m=-l}^{l}[l(l+1)a_{lm}\xi_l^{(1)}(k_{ext}r)Y_{lm}(\theta,\ \varphi)] \\ E_\theta^{(s)} = \dfrac{k_{ext}R^2}{r}\sum_{l=1}^{\infty}\sum_{m=-l}^{l}\left[a_{lm}\xi_l^{(1)}{}'(k_{ext}r)\dfrac{\partial Y_{lm}(\theta,\ \varphi)}{\partial\theta} + \dfrac{i}{n_{ext}}b_{lm}\xi_l^{(1)}(k_{ext}r)\dfrac{1}{\sin\theta}\dfrac{\partial Y_{lm}(\theta,\ \varphi)}{\partial\varphi}\right] \\ E_\varphi^{(s)} = \dfrac{k_{ext}R^2}{r}\sum_{l=1}^{\infty}\sum_{m=-l}^{l}\left[a_{lm}\xi_l^{(1)}{}'(k_{ext}r)\dfrac{1}{\sin\theta}\dfrac{\partial Y_{lm}(\theta,\ \varphi)}{\partial\varphi} - \dfrac{i}{n_{ext}}b_{lm}\xi_l^{(1)}(k_{ext}r)\dfrac{\partial Y_{lm}(\theta,\ \varphi)}{\partial\theta}\right] \end{cases} \tag{3.37}$$

$$\begin{cases} H_r^{(s)} = \dfrac{R^2}{r^2}\sqrt{\dfrac{\varepsilon_0}{\mu_0}}\sum_{l=1}^{\infty}\sum_{m=-l}^{l}[l(l+1)b_{lm}\xi_l^{(1)}(k_{ext}r)Y_{lm}(\theta,\ \varphi)] \\ H_\theta^{(s)} = \dfrac{k_{ext}R^2}{r}\sqrt{\dfrac{\varepsilon_0}{\mu_0}}\sum_{l=1}^{\infty}\sum_{m=-l}^{l}\left[b_{lm}\xi_l^{(1)}{}'(k_{ext}r)\dfrac{\partial Y_{lm}(\theta,\ \varphi)}{\partial\theta} - in_{ext}a_{lm}\xi_l^{(1)}(k_{ext}r)\dfrac{1}{\sin\theta}\dfrac{\partial Y_{lm}(\theta,\ \varphi)}{\partial\varphi}\right] \\ H_\varphi^{(s)} = \dfrac{k_{ext}R^2}{r}\sqrt{\dfrac{\varepsilon_0}{\mu_0}}\sum_{l=1}^{\infty}\sum_{m=-l}^{l}\left[b_{lm}\xi_l^{(1)}{}'(k_{ext}r)\dfrac{1}{\sin\theta}\dfrac{\partial Y_{lm}(\theta,\ \varphi)}{\partial\varphi} + in_{ext}a_{lm}\xi_l^{(1)}(k_{ext}r)\dfrac{\partial Y_{lm}(\theta,\ \varphi)}{\partial\theta}\right] \end{cases} \tag{3.38}$$

$$\begin{cases} E_r^{(w)} = \dfrac{R^2}{r^2}\sum_{l=1}^{\infty}\sum_{m=-l}^{l}[l(l+1)c_{lm}\psi_l(k_{int}r)Y_{lm}(\theta,\ \varphi)] \\ E_\theta^{(w)} = \dfrac{k_{int}R^2}{r}\sum_{l=1}^{\infty}\sum_{m=-l}^{l}\left[c_{lm}\psi'_l(k_{int}r)\dfrac{\partial Y_{lm}(\theta,\ \varphi)}{\partial\theta} + \dfrac{i}{n_{int}}d_{lm}\psi_l(k_{int}r)\dfrac{1}{\sin\theta}\dfrac{\partial Y_{lm}(\theta,\ \varphi)}{\partial\varphi}\right] \\ E_\varphi^{(w)} = \dfrac{k_{int}R^2}{r}\sum_{l=1}^{\infty}\sum_{m=-l}^{l}\left[c_{lm}\psi'_l(k_{int}r)\dfrac{1}{\sin\theta}\dfrac{\partial Y_{lm}(\theta,\ \varphi)}{\partial\varphi} - \dfrac{i}{n_{int}}d_{lm}\psi_l(k_{int}r)\dfrac{\partial Y_{lm}(\theta,\ \varphi)}{\partial\theta}\right] \end{cases} \tag{3.39}$$

$$\begin{cases} H_r^{(w)} = \dfrac{R^2}{r^2}\sqrt{\dfrac{\varepsilon_0}{\mu_0}}\sum_{l=1}^{\infty}\sum_{m=-l}^{l}[l(l+1)d_{lm}\psi_l(k_{int}r)Y_{lm}(\theta,\ \varphi)] \\ H_\theta^{(w)} = \dfrac{k_{int}R^2}{r}\sqrt{\dfrac{\varepsilon_0}{\mu_0}}\sum_{l=1}^{\infty}\sum_{m=-l}^{l}\left[d_{lm}\psi'_l(k_{int}r)\dfrac{\partial Y_{lm}(\theta,\ \varphi)}{\partial\theta} - in_{int}c_{lm}\psi_l(k_{int}r)\dfrac{1}{\sin\theta}\dfrac{\partial Y_{lm}(\theta,\ \varphi)}{\partial\varphi}\right] \\ H_\varphi^{(w)} = \dfrac{k_{int}R^2}{r}\sqrt{\dfrac{\varepsilon_0}{\mu_0}}\sum_{l=1}^{\infty}\sum_{m=-l}^{l}\left[d_{lm}\psi'_l(k_{int}r)\dfrac{1}{\sin\theta}\dfrac{\partial Y_{lm}(\theta,\ \varphi)}{\partial\varphi} + in_{int}c_{lm}\psi_l(k_{int}r)\dfrac{\partial Y_{lm}(\theta,\ \varphi)}{\partial\theta}\right] \end{cases} \tag{3.40}$$

根据电磁场的边值关系，电磁场的切向分量在微粒表面处连续，由式

(3.26)~(3.27)和~式(3.29)~(3.30)可以得到微粒内部标势 $\psi^{(int)}=\psi^{(w)}$ 和外部标势 $\psi^{(ext)}=\psi^{(i)}+\psi^{(s)}$ 须满足 $inkr\psi^{e}$、$ik_0 r\psi^{m}$、$\frac{\partial(r\psi^{e})}{\partial r}$ 和 $\frac{\partial(r\psi^{m})}{\partial r}$ 这四个量在微粒表面处是连续的，这样就可以得到散射系数($a_{lm}$、$b_{lm}$)和内部场系数($c_{lm}$、$d_{lm}$)与入射系数($A_{lm}$、$B_{lm}$)之间的关系：

$$a_{lm}=\frac{\psi'_l(k_{int}R)\psi_l(k_{ext}R)-\bar{n}\psi_l(k_{int}R)\psi'_l(k_{ext}R)}{\bar{n}\psi_l(k_{int}R)\xi_l^{(1)}{}'(k_{ext}R)-\psi'_l(k_{int}R)\xi_l^{(1)}(k_{ext}R)}A_{lm} \tag{3.41}$$

$$b_{lm}=\frac{\bar{n}\psi'_l(k_{int}R)\psi_l(k_{ext}R)-\psi_l(k_{int}R)\psi'_l(k_{ext}R)}{\psi_l(k_{int}R)\xi_l^{(1)}{}'(k_{ext}R)-\bar{n}\psi'_l(k_{int}R)\xi_l^{(1)}(k_{ext}R)}B_{lm} \tag{3.42}$$

$$c_{lm}=\frac{\xi_l^{(1)}{}'(k_{ext}R)\psi_l(k_{ext}R)-\xi_l^{(1)}(k_{ext}R)\psi'_l(k_{ext}R)}{\bar{n}^2\psi_l(k_{int}R)\xi_l^{(1)}{}'(k_{ext}R)-\bar{n}\psi'_l(k_{int}R)\xi_l^{(1)}(k_{ext}R)}A_{lm} \tag{3.43}$$

$$d_{lm}=\frac{\xi_l^{(1)}{}'(k_{ext}R)\psi_l(k_{ext}R)-\xi_l^{(1)}(k_{ext}R)\psi'_l(k_{ext}R)}{\psi_l(k_{int}R)\xi_l^{(1)}{}'(k_{ext}R)-\bar{n}\psi'_l(k_{int}R)\xi_l^{(1)}(k_{ext}R)}B_{lm} \tag{3.44}$$

其中　$\bar{n}=n_{int}/n_{ext}$——微粒的相对折射率；

$\psi'_l$ 和 $\xi_l^{(1)}{}'$——对变量的一阶偏导数。

对于入射光来说，其在微粒表面处的电磁波的径向分量可以表示为 $E_r^{(i)}(R,\theta,\varphi)$ 和 $H_r^{(i)}(R,\theta,\varphi)$。在球坐标系中，对于 $0\leqslant\theta\leqslant\pi$，$0\leqslant\varphi\leqslant2\pi$ 上的单值有限光场，可以以球谐函数 $Y_{lm}(\theta,\varphi)$ 为基展开成二重广义傅里叶级数：

$$E_r^{(i)}(R,\theta,\varphi)=\sum_{l=0}^{\infty}\sum_{m=-l}^{l}e_{lm}Y_{lm}(\theta,\varphi) \tag{3.45}$$

$$H_r^{(i)}(R,\theta,\varphi)=\sum_{l=0}^{\infty}\sum_{m=-l}^{l}h_{lm}Y_{lm}(\theta,\varphi) \tag{3.46}$$

其系数 $e_{lm}$ 和 $h_{lm}$ 可以由傅里叶变换得到：

$$e_{lm}=\int_0^{2\pi}\int_0^{\pi}E_r^{(i)}(R,\theta,\varphi)Y_{lm}^*(\theta,\varphi)\sin\theta\mathrm{d}\theta\mathrm{d}\varphi \tag{3.47}$$

$$h_{lm}=\int_0^{2\pi}\int_0^{\pi}H_r^{(i)}(R,\theta,\varphi)Y_{lm}^*(\theta,\varphi)\sin\theta\mathrm{d}\theta\mathrm{d}\varphi \tag{3.48}$$

将式(3.45)~(3.46)和~式(3.35)~(3.36)相比较，就可以得到与入射光束的入射系数 $A_{lm}$ 和 $B_{lm}$：

$$A_{lm}=\frac{1}{l(l+1)\psi_l(k_{ext}R)}\int_0^{2\pi}\int_0^{\pi}E_r^{(i)}(R,\theta,\varphi)Y_{lm}^*(\theta,\varphi)\sin\theta\mathrm{d}\theta\mathrm{d}\varphi \tag{3.49}$$

$$B_{lm}=\frac{1}{l(l+1)\psi_l(k_{ext}R)}\int_0^{2\pi}\int_0^{\pi}H_r^{(i)}(R,\ \theta,\ \varphi)Y_{lm}^*(\theta,\ \varphi)\sin\theta\mathrm{d}\theta\mathrm{d}\varphi \quad (3.50)$$

根据~式描述的电磁场分布，我们就可以模拟高斯光束经微粒散射后散射场的光强分布，微粒内部的电磁场分别是$\mathbf{E}^{(\mathrm{int})}=\mathbf{E}^{(w)}$和$\mathbf{H}^{(int)}=\mathbf{H}^{(w)}$，微粒外部的电磁场分别是$\mathbf{E}^{(ext)}=\mathbf{E}^{(i)}+\mathbf{E}^{(s)}$和$\mathbf{H}^{(ext)}=\mathbf{H}^{(i)}+\mathbf{H}^{(s)}$。在以下的数值模拟中，我们选取入射高斯光束的波长是$\lambda_0=1.064\mu\mathrm{m}$，束腰半径是$\omega_0=2\mu\mathrm{m}$，入射光功率是$P=5\mathrm{mW}$，散射微粒位于高斯光束的中心处。

首先我们来考察空气中的小水珠对高斯光束的散射，周围传播介质的折射率是$n_{ext}=1$，散射微粒的半径是$R=2.5\mu\mathrm{m}$，折射率是$n_{int}=1.33+5\times10^{-6}i$(微粒有吸收)。图3.2给出了高斯光束经微粒散射后，光强分别在(a)$x=0$、(b)$y=0$和(c)$z=0$平面上的分布情况。

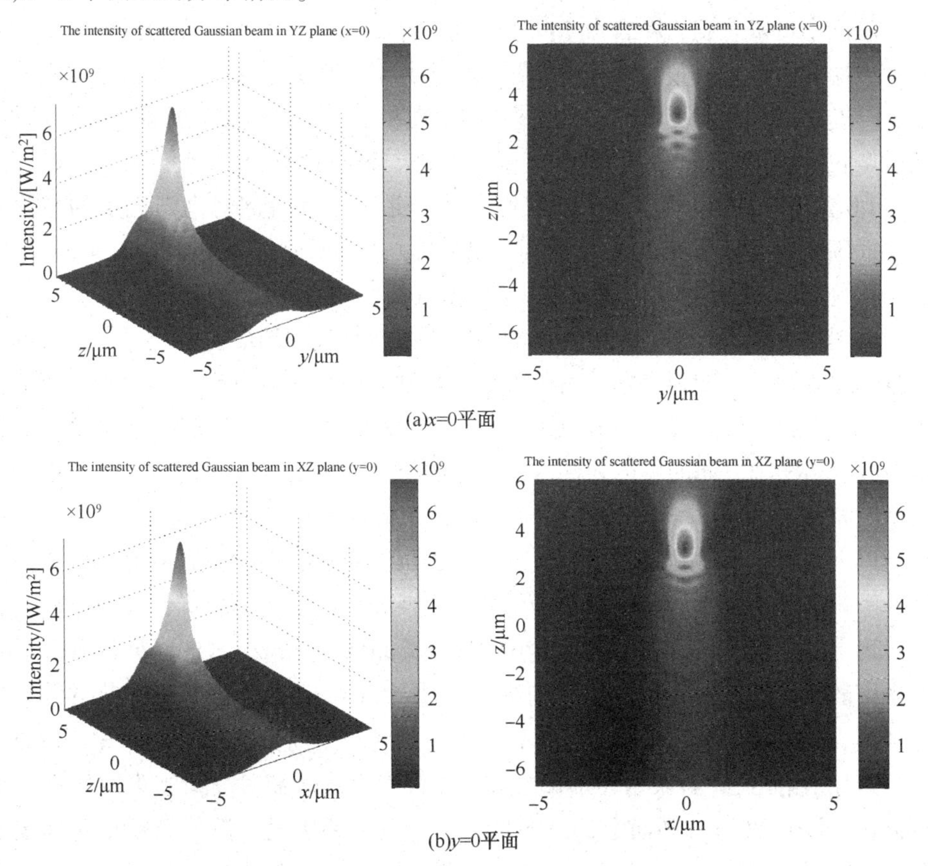


图3.2 空气中的小水滴对高斯光束散射后的散射场分别在$x=0$平面、$y=0$平面和$z=0$平面上的分布

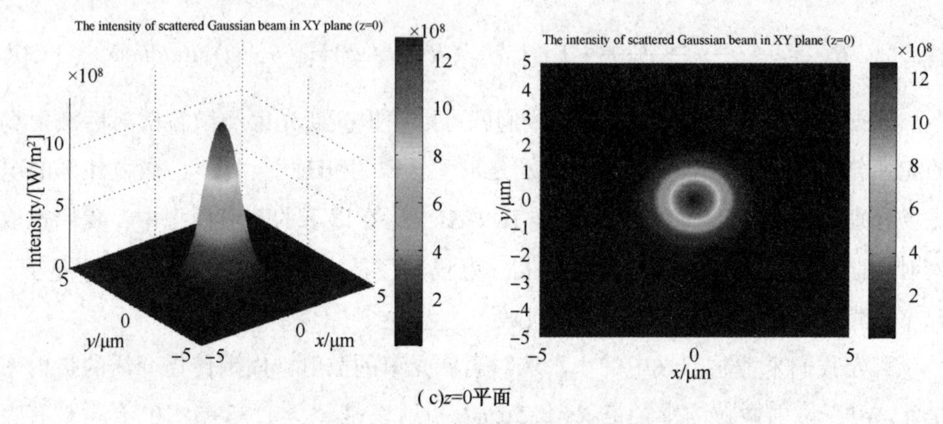


(c)z=0平面

图 3.2　空气中的小水滴对高斯光束散射后的散射场分别在 $x=0$ 平面、$y=0$ 平面和 $z=0$ 平面上的分布(续)

从图中可以看到，在自由空间中传播的高斯光束，在小水珠的散射作用下在其后方形成一个光强很大的光斑，其强度大约是入射光强的十倍左右，并且光束的半径变小。由此可见，当散射微粒的折射率大于周围介质的折射率($\bar{n}>1$)时，散射微粒的作用相当于一个聚焦的透镜，光束经过微粒后会在微粒后方会聚。

和第一种情况相对应，下面我们考察的是水中的气泡对高斯光束的散射作用。周围介质的折射率是 $n_{ext}=1.33$，散射微粒的半径是 $R=2.5\mu m$，折射率是 $n_{int}=1$。图 3.3 分别给出散射光在 $x=0$、$y=0$ 和 $z=0$ 平面上的分布情况。

从图中可以看到，在水中传播的高斯光束在小气泡的散射作用下，光束的光强分布在气泡后方变得发散。由此可见，当散射微粒的折射率小于周围介质的折射率($\bar{n}<1$)时，散射微粒的作用相当于一个发散的透镜，对光束起到发散的作用，并且沿 $y$ 轴方向的发散要比沿 $x$ 轴方向的发散稍快，这一现象是和光束的偏振情况相关。

以上分析了当微粒折射率高于或低于周围介质折射率时，微粒对高斯光束传播的影响。为了进一步说明微粒折射率对高斯光束散射场的影响，我们计算了悬浮于水中的聚苯乙烯(Polystyrene)小球和石英晶体(Quartz Crystal)小球对入射高斯光束散射后的散射光场分布。周围水介质的折射率是 $n_{ext}=1.33$，散射微粒的半径是 $R=2\mu m$，聚苯乙烯和石英晶体的折射率分别是 $n_{int}^{P}=1.46$ 和 $n_{int}^{Q}=1.55$。图 3.4 分别给出了(a)聚苯乙烯微粒和(b)石英晶体微粒对高斯光束散射后光场在 $x=0$、$y=0$ 和 $z=0$ 平面上的分布情况。计算结果表明，散射微粒相对周围介质的相对折射率 $\bar{n}=n_{int}/n_{ext}$ 越大，光束在微粒后方形成的光斑就越小，汇聚中心的光强也就越强，不过散射光束的衍射长度会变小。

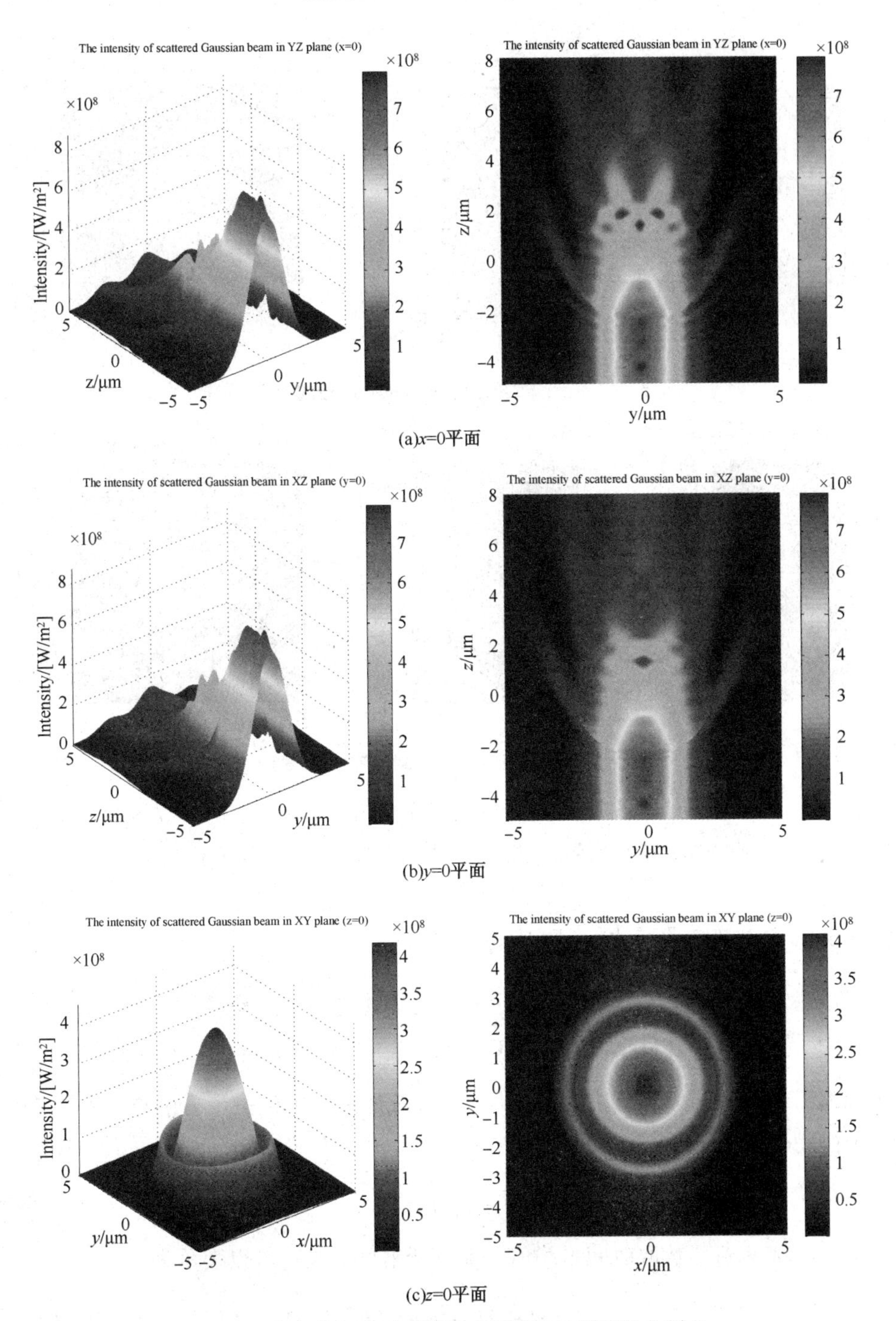


图 3.3　水中的气泡对高斯光束散射后的散射场分别在 $x=0$ 平面、$y=0$ 平面和 $z=0$ 平面上的分布

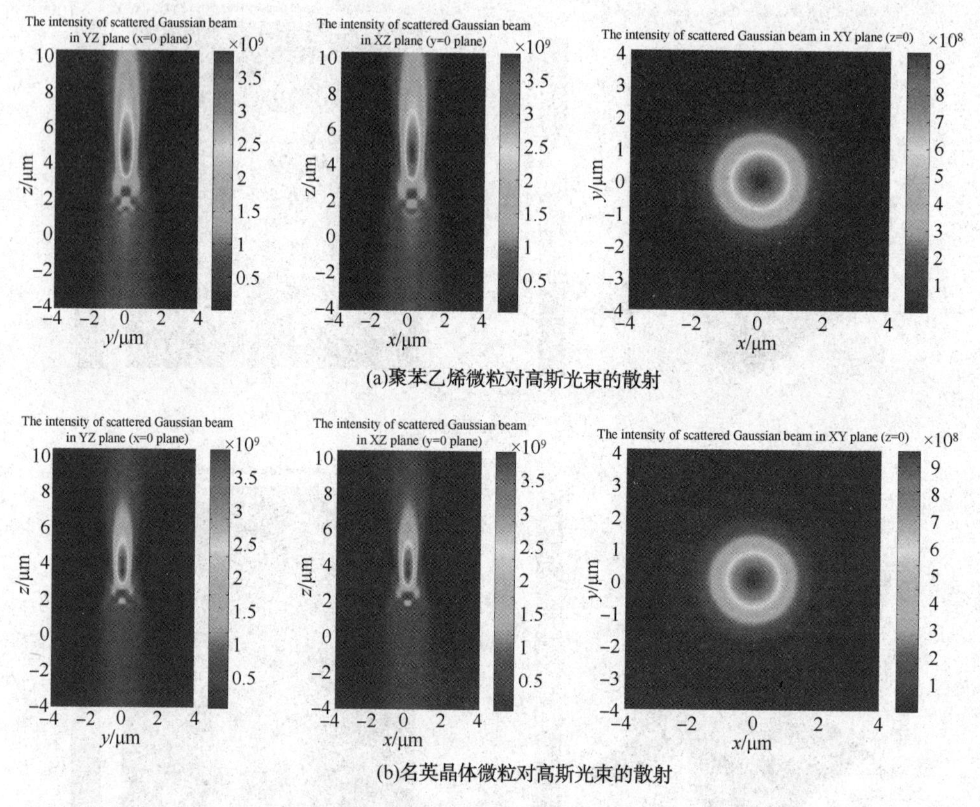


(a)聚苯乙烯微粒对高斯光束的散射

(b)名英晶体微粒对高斯光束的散射

图 3.4　置于水中的聚苯乙烯微粒(a)和石英晶体微粒(b)对高斯光束的散射场分布，聚苯乙烯和石英晶体的折射率分别是 1.46 和 1.55

### 3.2.3　微粒在高斯光束中的受力

电磁波具有动量，入射于物体上时会与物体之间发生动量传递，从而产生光辐射力。在稳态条件(Steady-State Condition)下，入射光束作用在散射微粒上的光辐射力 $\mathbf{F}$ 可以由麦克斯韦压力张量$\overleftrightarrow{\mathbf{T}}$和微粒外法线单位矢量 $\hat{n}$ 的点乘在微粒表面上的积分来决定[123]：

$$\langle \mathbf{F} \rangle = \langle \oint_S \hat{n} \cdot \overleftrightarrow{\mathbf{T}} dS \rangle \tag{3.51}$$

其中，〈〉表示对函数取时间平均值，麦克斯韦压力张量可以表示为：

$$\overleftrightarrow{\mathbf{T}} = \frac{1}{4\pi}\left[ n_{ext}^2 \mathbf{EE} + \mathbf{HH} - \frac{1}{2}(\boldsymbol{n}_{ext}^2 |\mathbf{E}|^2 + |\mathbf{H}|^2) \overleftrightarrow{I} \right] \tag{3.52}$$

将式(3.52)代入式(3.51)，并在 $r>R$ 的球面上求积分，就可以得到微粒受到的光辐射力：

$$\langle \mathbf{F} \rangle = \frac{1}{4\pi}\int_0^{2\pi}\int_0^{\pi}\left\langle \left[ n_{ext}^2 E_r \mathbf{E} + H_r \mathbf{H} - \frac{1}{2}(n_{ext}^2 \ |\mathbf{E}|^2 + |\mathbf{H}|^2)\hat{e}_r \right] \right\rangle r^2 \sin\theta \mathrm{d}\theta \mathrm{d}\varphi \Bigg|_{r>R} \tag{3.53}$$

其中，$\mathbf{E}$ 和 $\mathbf{H}$ 是微粒外部的电磁场，即 $\mathbf{E}=\mathbf{E}^{(i)}+\mathbf{E}^{(s)}$，$\mathbf{H}=\mathbf{H}^{(i)}+\mathbf{H}^{(s)}$。将电磁场矢量按球坐标系展开，则式可以改写为：

$$\begin{aligned}\langle \mathbf{F} \rangle = \frac{R^2}{8\pi}\mathrm{Re}\int_0^{2\pi}\int_0^{\pi}\Big\{ & \frac{1}{2}[n_{ext}^2(E_r E_r^* - E_\theta E_\theta^* - E_\varphi E_\varphi^*) + (H_r H_r^* - H_\theta H_\theta^* - H_\varphi H_\varphi^*)]\hat{e}_r \\ & + (n_{ext}^2 E_r E_\theta^* + H_r H_\theta^*)\hat{e}_\theta + (n_{ext}^2 E_r E_\varphi^* + H_r H_\varphi^*)\hat{e}_\varphi\Big\}\frac{r^2}{R^2}\sin\theta d\theta d\varphi \Bigg|_{\frac{r}{R}>1}\end{aligned} \tag{3.54}$$

在计算过程中，当积分球面的半径 $r$ 远大于散射微粒半径 $R(r \gg R)$ 时，黎卡提贝塞尔函数可作如下近似：

$$\psi_l(k_{ext}r) \to \sin\left(k_{ext}r - \frac{l\pi}{2}\right) \tag{3.55}$$

$$\xi_l^{(1)}(k_{ext}r) \to -i\exp\left[i\left(k_{ext}r - \frac{l\pi}{2}\right)\right] \tag{3.56}$$

将式(3.55)~(3.56)代入式(3.54)，经过大量的代数运算，以及球谐函数、连带勒让德多项式和贝塞尔函数的正交关系，最后可以得到光束作用在散射微粒上的光辐射力可以表示成为入射系数 $A_{lm}$、$B_{lm}$ 和散射系数 $a_{lm}$、$b_{lm}$ 的级数求和形式：

$$\begin{aligned}\langle F_x \rangle + i\langle F_y \rangle = \frac{i\varepsilon_0 k_{ext}^2 R^4}{4}\sum_{l=1}^{\infty}\sum_{m=-l}^{l}\Bigg[ & l(l+2)\sqrt{\frac{(l+m+1)(l+m+2)}{(2l+1)(2l+3)}}(2n_{ext}^2 a_{lm}a_{l+1,\ m+1}^* \\ & + n_{ext}^2 a_{lm}A_{l+1,\ m+1}^* + n_{ext}^2 A_{lm}a_{l+1,\ m+1}^* + 2b_{lm}b_{l+1,\ m+1}^* + b_{lm}B_{l+1,\ m+1}^* + B_{lm}b_{l+1,\ m+1}^*) \\ & + l(l+2)\sqrt{\frac{(l-m+1)(l-m+2)}{(2l+1)(2l+3)}}(2n_{ext}^2 a_{l+1,\ m-1}a_{lm}^* + n_{ext}^2 a_{l+1,\ m-1}A_{lm}^* \\ & + n_{ext}^2 A_{l+1,\ m-1}a_{lm}^* + 2b_{l+1,\ m-1}b_{lm}^* + b_{l+1,\ m-1}B_{lm}^* + B_{l+1,\ m-1}b_{lm}^*) \\ & - n_{ext}\sqrt{(l+m+1)(l-m)}(-2a_{lm}b_{l,\ m+1}^* + 2b_{lm}a_{l,\ m+1}^* - a_{lm}B_{l,\ m+1}^* \\ & + b_{lm}A_{l,\ m+1}^* + B_{lm}a_{l,\ m+1}^* - A_{lm}b_{l,\ m+1}^*)\Bigg]\end{aligned} \tag{3.57}$$

$$\langle F_z \rangle = -\frac{\varepsilon_0 k_{ext}^2 R^4}{2}\sum_{n=1}^{\infty}\sum_{m=-n}^{n}\mathrm{Im}\left[ l(l+2)\sqrt{\frac{(l-m+1)(l+m+1)}{(2l+1)(2l+3)}}(2n_{ext}^2 a_{l+1,\ m}a_{lm}^* \right.$$

$$+ n_{ext}^2 a_{l+1,\ m} A_{lm}^* + n_{ext}^2 A_{l+1,\ m} a_{lm}^* + 2b_{l+1,\ m} b_{lm}^* + b_{l+1,\ m} B_{lm}^* + B_{l+1,\ m} b_{lm}^*)$$
$$+ mn_{ext}(2a_{lm} b_{lm}^* + a_{lm} B_{lm}^* + A_{lm} b_{lm}^*)] \tag{3.58}$$

其中，式中的星号表示对相应的变量取复共轭。

下面我们来分析不同的米氏微粒在高斯光束中所受到的光辐射力，在数值模拟过程中，我们选取入射高斯光束的参数分别是：光束的波长是 $\lambda_0 = 1.064\mu m$，束腰半径是 $\omega_0 = 2\mu m$，入射光功率是 $P = 5mW$。所考察的微粒都是悬浮于水溶液中，水溶液的折射率是 $n_{ext} = 1.33$。

首先我们来考察水中的小气泡在高斯光束中的受力情况，气泡的折射率是 $n_{int} = 1$，计算中我们选取的气泡半径分别是 $R = 1\mu m$，$R = 1.5\mu m$，$R = 2\mu m$ 和 $R = 2.5\mu m$，图 3.5 给出了气泡在 $x$ 轴的不同位置处所受到的光辐射力。当微粒沿 $x$ 轴分布时，横向力 $F_y$ 远小于 $F_x$，可忽略不计，所以图 3.5 只给出了横向力 $F_x$ 和纵向力 $F_z$ 随气泡位置变化的曲线。从图中可以看出，气泡受到的横向光辐射力 $F_x$ 和纵向光辐射力 $F_z$ 都随着半径的增大而增大，这从式(3.57)~(3.58)就可以看出，光辐射力与微粒半径的四次方成正比。如图 3.5(a)所示，当气泡位于 x 轴正半轴时，横向力 $F_x$ 大于零，其作用是使气泡沿 x 轴正向运动；当气泡位于 x 轴负半轴时，横向力 $F_x$ 小于零，使气泡沿 x 轴负方向运动，这也就是说，当微粒的折射率低于周围介质的折射率时，微粒受到的横向光辐射力的方向总是远离光束中心，将微粒推离光场，并且气泡半径越大越容易被推离。图 3.5(b)是气泡受到的纵向光辐射力 $F_z$ 随气泡位置的变化曲线，从图中可以看出纵向力 $F_z$ 总是大于零，推动气泡沿光束的传播方向运动。这里应该注意的是，当气泡位于原点时，横向力 $F_x$ 等于零，这时气泡将在纵向力 $F_z$ 的推动下沿着光轴的方向运动。

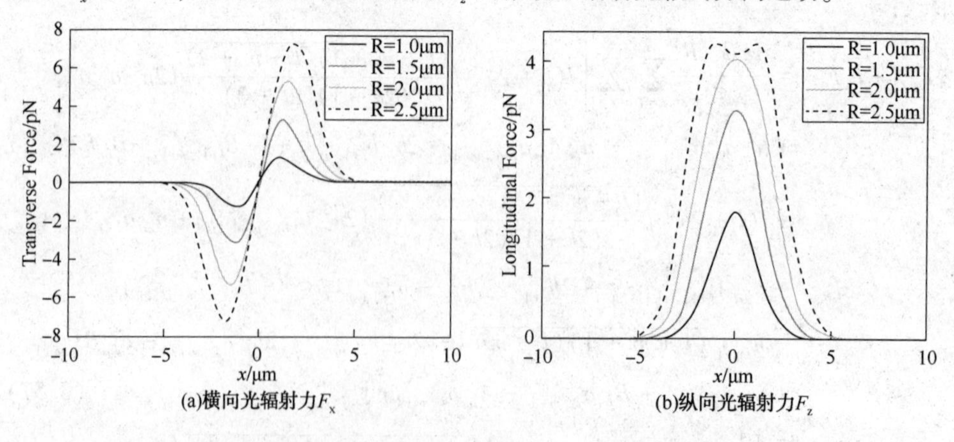


图 3.5　水中的小气泡所受横向光辐射力 $F_x$ 和纵向光辐射力 $F_z$ 随气泡横向位置变化的关系，小气泡位于 $x$ 轴上

图 3.6 给出了当气泡位于光轴上时，气泡受到的光辐射力随微粒位置的变化曲线。当气泡位于光轴上时，气泡受到的光辐射力在横向上的分量均为零，这时气泡将在纵向力的作用下沿着光束的传播方向做直线运动。从图中还可以看出，纵向光辐射力是和光强成正比，在焦点附近的微粒总是获得较大的加速。从图 3.5(b)和图 3.6 中可以看到，对于半径是 2.5μm 的微粒来说，当其位于光束焦点附近时，纵向力 $F_z$ 出现畸变，这是因为光束的束腰半径($\omega_0 = 2\mu m$)小于散射微粒的半径，使得微粒表面上的光强分布不均匀，从而导致计算结果的失真。

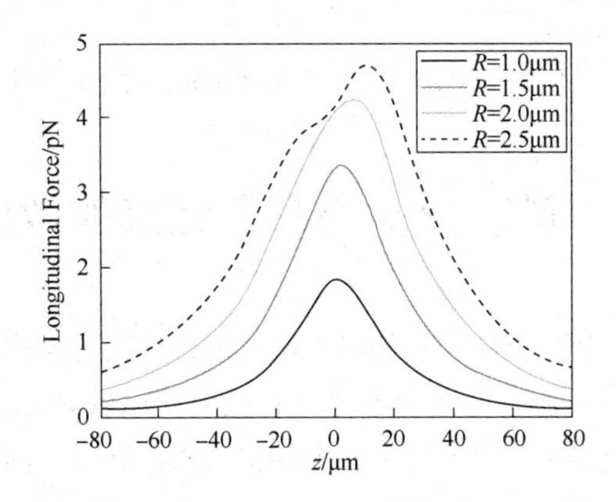


图 3.6　水中的小气泡所受纵向光辐射力 $F_z$ 随气泡纵向位置变化的关系，小气泡位于 $z$ 轴上

接下来考察当微粒折射率大于周围介质折射率时，微粒受到的光辐射力。图 3.7 给出了折射率分别是 1.46 的石英玻璃和折射率是 1.55 的石英晶体在水中受到的光辐射力，在计算中我们选取微粒的半径为 1.5μm，其中心位置位于 $x$ 轴上。从图 3.7 中可以看出，折射率高的微粒受到的光辐射力要比折射率低的微粒受到的光辐射力大，这说明高折射率微粒将更容易被光束所俘获，并且纵向辐射力的增大幅度要比横向辐射力增大的幅度要大。从图 3.7(a)中还可以看出，当微粒的折射率大于周围介质的折射率时，微粒受到的横向辐射力的方向总是指向高斯光束的中心，将偏离中心位置的微粒拉回到光束中心，以实现高斯光束对微粒的俘获。并且当微粒位于光束束腰位置时受到的横向辐射力最大，而对于离轴较远的微粒，由于光束光强的减弱，微粒受到的光辐射力也会迅速衰减。

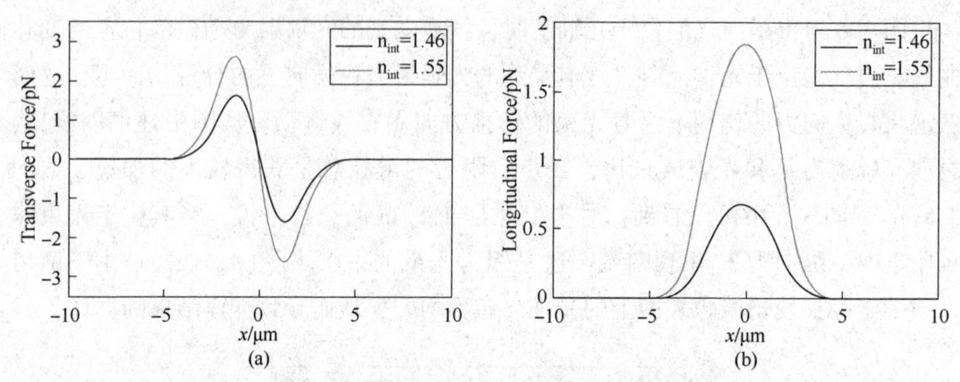


图 3.7　不同种微粒所受光辐射力随微粒折射率的变化关系

# 第三节　微粒对空心高斯光束的散射研究

激光技术的发展和广泛应用，使得人们对于各种新型模式激光的研究越来越广泛和深入。近年来，轴向光强为零的空心光束(Dark-Hollow Beams，DHB)逐渐引起了人们越来越多的关注，这类光束存在位相奇异点，轴向光强为零的点具有位相不确定性。关于空心光束的理论模型有多种，如空心高斯光束[131]、拉盖尔高斯光束[124]、高阶贝塞尔光束[125]、面包圈空心光束[126]、聚焦空心光束[127]等等，空心光束的特点是光强呈筒状分布、中心暗斑面积较小、无加热效应以及传播不变性，使得空心光束被广泛用于三次谐波的产生和增强、原子激光冷却、激光准直、原子光刻、光镊以及光学扳手等应用中。本节将采用空心高斯光束[131](Hollow Gaussian Beam，HGB)的理论模型来描述空心光束在空间中的传播特性，并以此来分析米氏微粒在 HGB 光束中受到的光辐射力。

## 3.3.1　空心高斯光束的传播特性

空心高斯光束在 $z=0$ 处的电场可以表示为：

$$E_n(x, y, 0)=G_0\left(\frac{x^2+y^2}{\omega_0^2}\right)^n \exp\left(-\frac{x^2+y^2}{\omega_0^2}\right) \tag{3.59}$$

其中　$n$——空心高斯光束的阶数；

$G_0$——归一化常数，可以由入射光束的光功率来确定。

当 $n=0$ 时，方程退化为束腰半径为 $\omega_0$ 的基模一阶修正高斯光束。图 3.8 给出了阶数分别为 $n=1$，$n=3$ 和 $n=5$ 的空心高斯光束在 $z=0$ 平面上的归一化光强分布。在数值计算中我们选取 $\omega_0=1\mu m$。从图 3.8 中可以看出，空心高斯光束的光强呈圆筒形分布，光束中央处的光强为零的暗斑。并且空心高斯光束的亮环半径会随着阶数 $n$ 的增加而增大，这也就是说空心高斯光束的中央暗斑的面积是随着阶数 $n$ 的增加而增大。

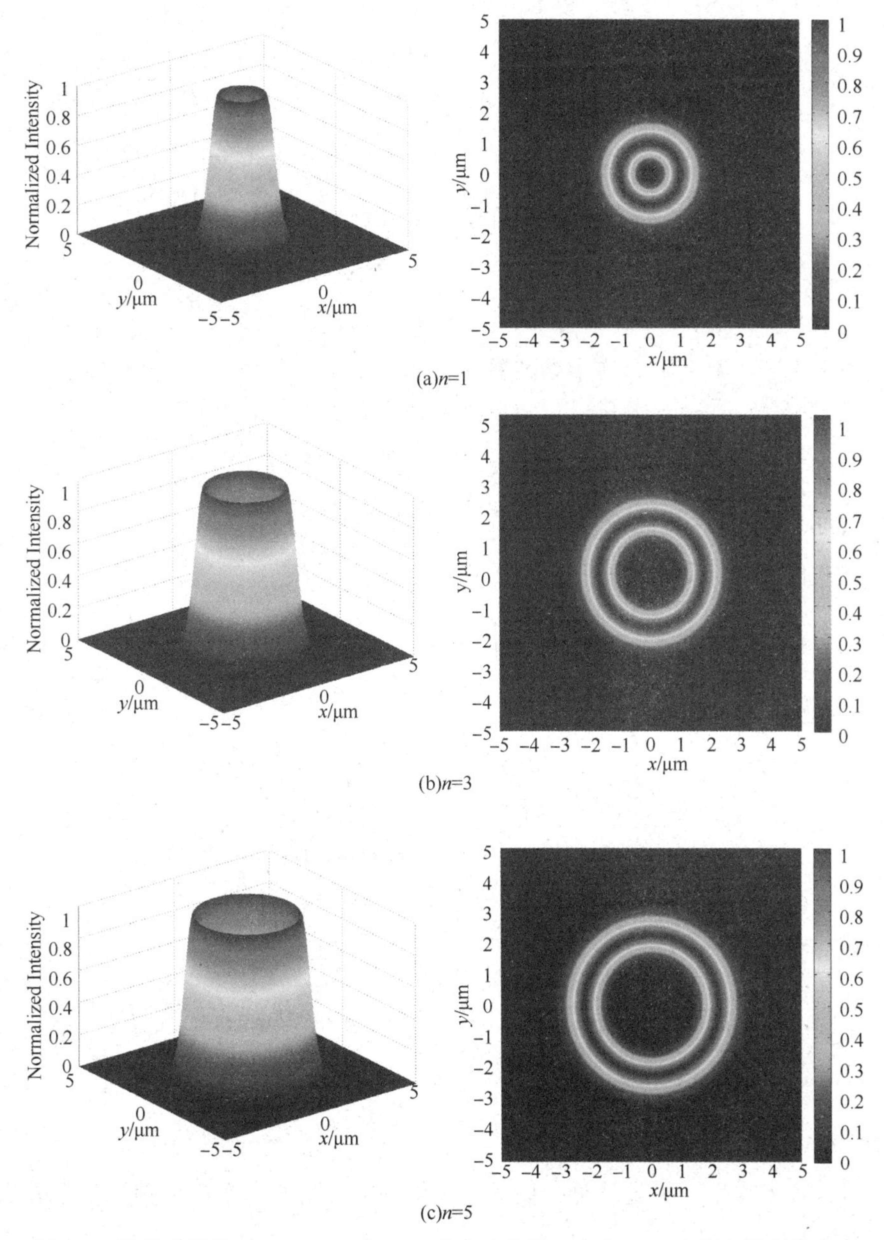


图 3.8　阶数分别为 $n=1$，$n=3$ 和 $n=5$ 的空心高斯光束在 $z=0$ 平面上的光强分布

在傍轴近似条件下，任何光束在傍轴光学系统中的传播都服从柯林斯公式(Collins Formula)。在柱坐标系$(r, \theta, z)$中，电场在介质中的传播方程可以表示为：

$$E(r, z) = \frac{i}{\lambda_{ext} B} \exp(-ik_{ext} z) \int_0^{2\pi} \int_0^{\infty} E_0(r', 0) \exp \left\{ -\frac{ik_{ext}}{2B} \cdot \left[ Ar'^2 - 2rr'\cos(\theta - \theta') + Dr^2 \right] \right\} r' \mathrm{d}r' \mathrm{d}\theta \tag{3.60}$$

式中 $(r, \theta)$——光束在入射面上的半径和方位角坐标；

$(r', \theta')$——光束在出射面上的半径和方位角坐标；

$\lambda_{ext}$——光束在传播介质中的波长；

$k_{ext} = 2\pi/\lambda_{ext} = n_{ext} k_0$——介质中的波数；

$n_{ext}$——介质的折射率；

$k_0$——真空中的波数；

$(A, B, C, D)$——傍轴光学系统的转换矩阵。

将式代入式，应用贝塞尔函数的积分公式：

$$J_0(x) = \frac{1}{2\pi} \int_0^{2\pi} \exp(-ix\cos\theta') \mathrm{d}\theta' \tag{3.61}$$

可以变换为：

$$E(r, z) = -\frac{2i\pi}{\lambda B} \exp(ik_{ext} z) \exp\left(\frac{ik_{ext} D r'^2}{2B}\right) \cdot \int_0^{\infty} E_n(r', 0) \exp\left(\frac{ik_{ext} A r'^2}{2B}\right) J_0\left(\frac{k_{ext} r r'}{B}\right) r' \mathrm{d}r' \tag{3.62}$$

引入积分公式：

$$\int_0^{\infty} \exp(-pt)\, t^{\nu/2+n} J_\nu(2\alpha^{1/2} t^{1/2}) \mathrm{d}t = n!\ \alpha^{\nu/2} p^{-(n+\nu+1)} \exp\left(-\frac{\alpha}{p}\right) L_n^\nu\left(\frac{\alpha}{p}\right) \tag{3.63}$$

式中 $L_n^\nu$——拉盖尔多项式。

将式代入式中，经过计算我们就可以得到空心高斯光束在傍轴光学系统中的电场分布：

$$E(r,\ z)=-\frac{ik_{ext}G_0n!}{2B\omega_0^{2n}}\left(\frac{1}{\omega_0^2}-\frac{ik_{ext}A}{2B}\right)^{-n-1}\exp(ik_{ext}z)\exp\left(\frac{ik_{ext}Dr^2}{2B}\right)$$
$$\cdot\exp\left[-\frac{(k_{ext}r/2B)^2}{1/\omega_0^2-ik_{ext}A/2B}\right]L_n\left[\frac{(k_{ext}r/2B)^2}{1/\omega_0^2-ik_{ext}A/2B}\right]\tag{3.64}$$

式中 $z$——入射面和出射面之间的距离。

式仅适用于空心高斯光束在无孔径的一阶($A$，$B$，$C$，$D$)光学系统中的传播，对于孔径光学系统，则必须考虑孔径函数对光束的影响[128][129]。

对于在均匀介质中传播的光束来说，变换矩阵可以表示为：

$$\begin{bmatrix}A & B\\ C & D\end{bmatrix}=\begin{bmatrix}1 & z\\ 0 & 1\end{bmatrix}\tag{3.65}$$

将式(3.65)代入式(6.64)，并假设空心高斯光束沿 $\hat{x}$ 方向偏振，即：

$$\mathbf{E}(x,\ y,\ z)=\hat{i}E_x(x,\ y,\ z)$$
$$=-\hat{i}G_0\frac{ik_{ext}n!}{2z\omega_0^{2n}}\left(\frac{2z\omega_0^2}{2z-ik_{ext}\omega_0^2}\right)^{n+1}\exp(ik_{ext}z)\exp\left[i\frac{2k_{ext}z(x^2+y^2)}{(k_{ext}\omega_0^2)^2+(2z)^2}\right]$$
$$\cdot\exp\left[-\frac{(k_{ext}\omega_0)^2(x^2+y^2)}{(k_{ext}\omega_0^2)^2+(2z)^2}\right]L_n\left[\frac{(k_{ext}\omega_0)^2(x^2+y^2)}{-2ik_{ext}z\omega_0^2+(2z)^2}\right]\tag{3.66}$$

根据麦克斯韦方程组，相应的磁场可以表示为：

$$\mathbf{H}(x,\ y,\ z)=-\frac{i}{\omega\mu_0}\frac{\partial E_x(x,\ y,\ z)}{\partial z}\hat{j}+\frac{i}{\omega\mu_0}\frac{\partial E_x(x,\ y,\ z)}{\partial y}\hat{k}$$
$$\approx n_{ext}\varepsilon_0cE_x(x,\ y,\ z)\hat{j}\tag{3.67}$$

以上便是空心高斯光束在介质中传播的电磁场分布，当 $n=0$ 时，式(3.66)~(3.67)退化为基模高斯光束[86]。

下面我们模拟了空心高斯光束在自由空间中传播时的光强分布，在模拟过程中我们选取的参数分别是：$\lambda_0=1.064\mu m$，$\omega_0=2\mu m$，$n=10$，光束的衍射长度为：$z_R=\frac{1}{2}k_{ext}\omega_0^2=11.8\mu m$，入射功率为：$P=5mW$。图 3.9 给出了空心高斯光束在 $z=0$，$z=z_R$ 和 $z=10z_R$ 平面上的光强分布，图 3.10 给出了空心高斯光束在 $y=0$ 平面上的光强分布情况以及光束在光轴上的光强分布。

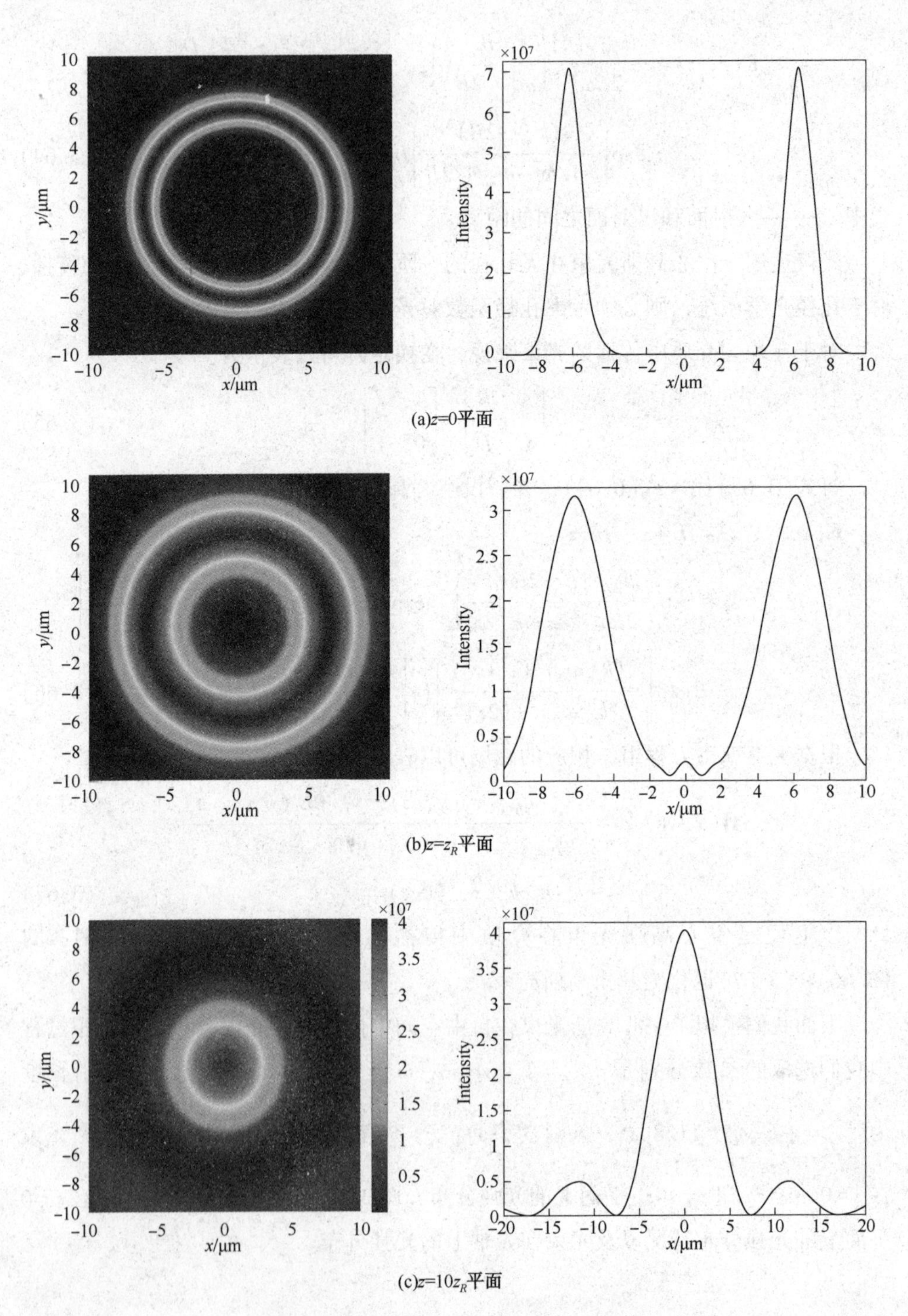


图 3.9 $n=10$ 阶空心高斯光束在 $z=0$，$z_R$ 和 $10z_R$ 平面上的光强分布

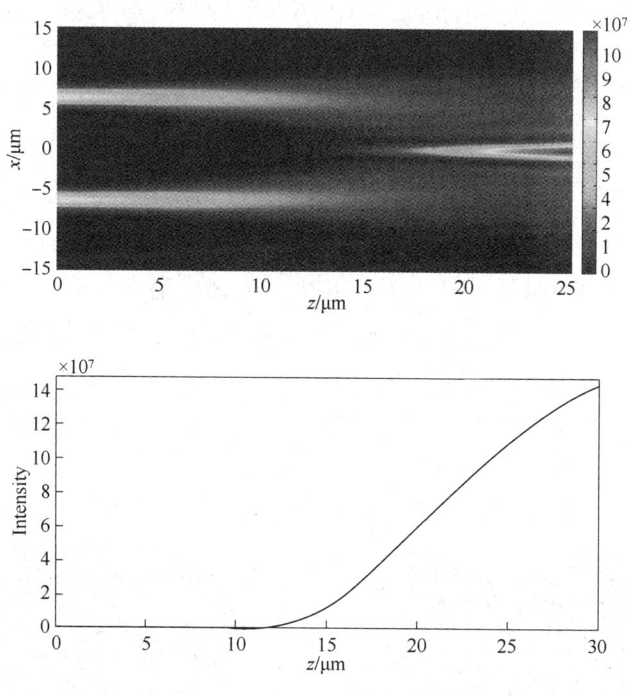


图 3.10 $n=10$ 阶空心高斯光束在传播过程中的演变

从图 3.10 中可以看出，空心高斯光束在近场区域有很好的传输稳定性，但是随着传播距离的增加，光束开始变得发散，光束的半径也开始增大，同时中心暗斑的面积开始减小，并且光束的峰值光强也会随着传播距离的增大而减小。在远场区域，光束的中心暗斑消失，反而变成光强最强的区域，并且在亮斑周围出现衍射环，各级衍射环的宽度会随着半径 $r$ 的增大而变得越来越窄。这是因为空心高斯光束并不是一种单一模式的光，而是一系列拉盖尔高斯光束的叠加[131]，不同的光束模式在传播过程中的演变不同，并且不同模式的光在传播过程中会发生叠加和干涉，使得空心高斯光束在传播过程中表现出其独特的性质。

图 3.11 给出了半径为 2μm 的气泡和石英晶体微粒对空心高斯光束散射后的散射场在 $xy$ 平面上的分布情况，在模拟过程中，我们选取空心高斯光束的阶数 $n=10$，光束的宽度是 2μm，入射光功率是 20mW，周围介质的折射率是 1.33，气泡和石英晶体微粒的折射率分别是 1 和 1.33。图中白色虚线表示散射微粒的位置。(a)和(b)是水中的气泡对空心高斯光束散射后的散射场分布，(c)和(d)是水中的石英晶体微粒对空心高斯光束散射后的散射场分布，散射微粒中心位置坐

标分别是(0, 0, 0)和$\left(0, -\sqrt{n}\omega_0, 0\right)$。从图中(a)和(c)可以看出，当微粒位于空心高斯光束的中心位置时，由于光束中心处是亮度为零的暗斑，所以，不论是高折射率微粒还是低折射率微粒，都不会破坏空心高斯光束的筒状分布。不过光束经微粒散射后，散射空心光束的光束宽度和中心暗斑面积都减小，并在光束主亮环周围出现多级衍射环，使得散射光束的峰值光强大大降低。当散射微粒位于空心高斯光束的亮环上时，如图(b)和(d)所示，空心光束的形状被严重破坏，散射光场“会聚”于光束中心处，并存在多个光强极值点。对于低折射率微粒来说，散射光场的两个峰值光强分居于光束中心两侧，其距离和散射微粒的直径相当；而对于高折射率微粒来说，散射光场的两个峰值光强位于光束中心处。从图中还可以看出散射光场表现出很好的对称性，这是由整个物理系统的对称性决定的。

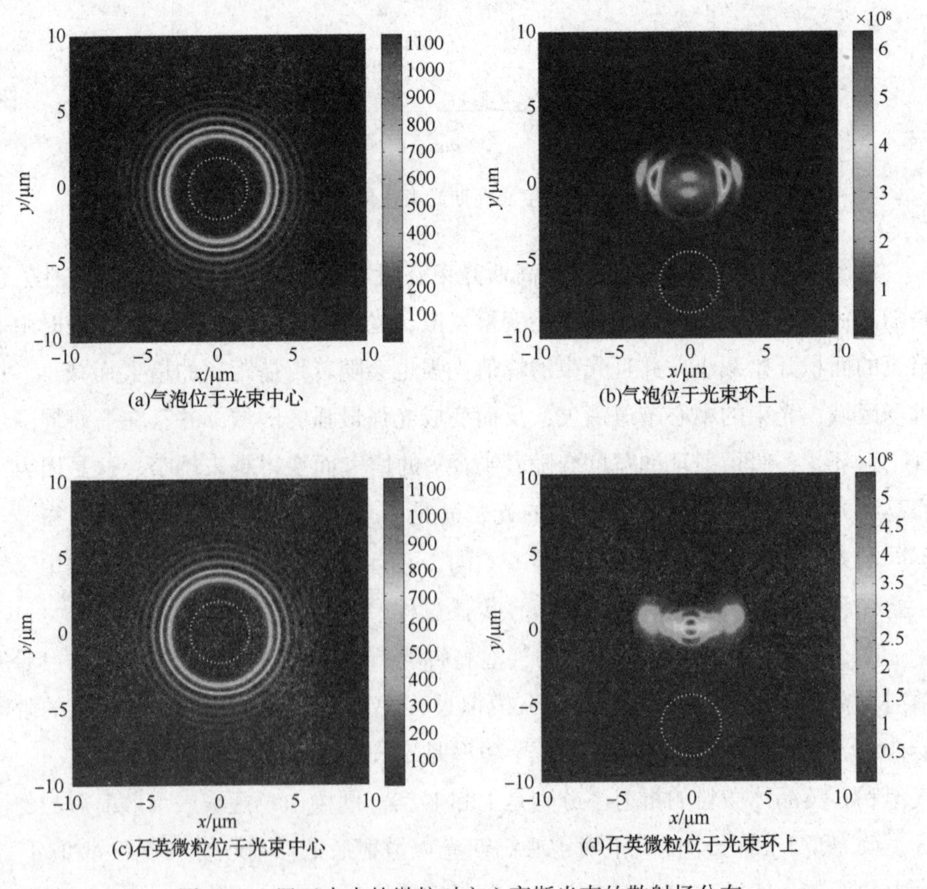


图 3.11　置于水中的微粒对空心高斯光束的散射场分布

### 3.3.2 空心高斯光束对微粒的光辐射力的作用

空心高斯光束在自由空间中传播时，光强在近场区域呈筒状分布，光束中心处的光强为零，随着传播距离的增加，光束中心的暗斑逐渐消失，取而代之的是一个强度更强的亮斑。根据上节的分析可以知道，空心光束除了中央暗斑区域外，光束其他部分的光强仍然呈现高斯分布。由于空心光束的在传播过程中表现出的特殊性质，其远场的实心部分可以用来捕获折射率高于周围介质折射率的微粒，而其近场的空心部分则可以用来捕获折射率低于周围介质折射率的微粒。由于空心高斯光束的中心光强为零，所以微粒受到的散射力将被大大减弱，而轴向梯度力几乎不发生变化，这样就使得空心高斯光束俘获微粒的效率得到了明显的提高。这样对于参数相同的微粒来说，只需要较低功率的空心光束就可以将其捕获，从而减小微粒受到的热损伤，所以由空心光束研制的光镊仪器更适合于对生物细胞的研究。

图 3.12 给出了位于 $z=0$ 平面上的微粒在空心高斯光束中的受力情况，在模拟过程中我们选取的参数分别是：入射空心高斯光束的阶数是 $n=10$，波长 $\lambda_0=1.046\mu m$，光束半径是 $\omega_0=2\mu m$，入射光功率是 $P=10mW$，微粒半径是 $R=2\mu m$，周围介质的折射率是 1.33，空心高斯光束的亮环半径为 $x_{HGB}=\sqrt{n}\,\omega_0$。图 3.12(a)表示的是小气泡在空心光束中的受力情况，从图中可以看出，当气泡位于 $x<-x_{HGB}$ 的区域时，气泡受到的梯度力 $F_x<0$，这时气泡将沿着 $x$ 轴的负方向运动，气泡被推离光场；当气泡位于 $-x_{HGB}<x<0$ 的区域时，气泡受到的梯度力 $F_x>0$，这时气泡将沿着 $x$ 轴的正方向运动，这样气泡就会被俘获在光束的暗斑区域；当气泡位于 $0<x<x_{HGB}$ 的区域时，梯度力 $F_x<0$，气泡将沿着 $x$ 轴的负方向运动，这时气泡同样可以被俘获；而当气泡位于 $x>x_{HGB}$ 的区域时，梯度力 $F_x>0$，这时气泡将沿着 $x$ 轴的正方向运动，从而被推离光场。综上所述，当微粒的折射率低于周围介质的折射率时，位于 $|x|<x_{HGB}$ 区域的微粒将被俘获至空心高斯光束的中心暗斑区域，而位于 $|x|>x_{HGB}$ 区域的微粒将被推离光场。并且由于空心高斯光束的中心是光强为零的暗斑区域，在此区域中微粒受到的散射力为零，这样被梯度力所俘获的低折射率微粒就会被稳定地束缚在光束的中心处，所以空心光束对于低折射率微粒的作用相当于一个光学牢笼，可以对微粒进行稳定的俘获。

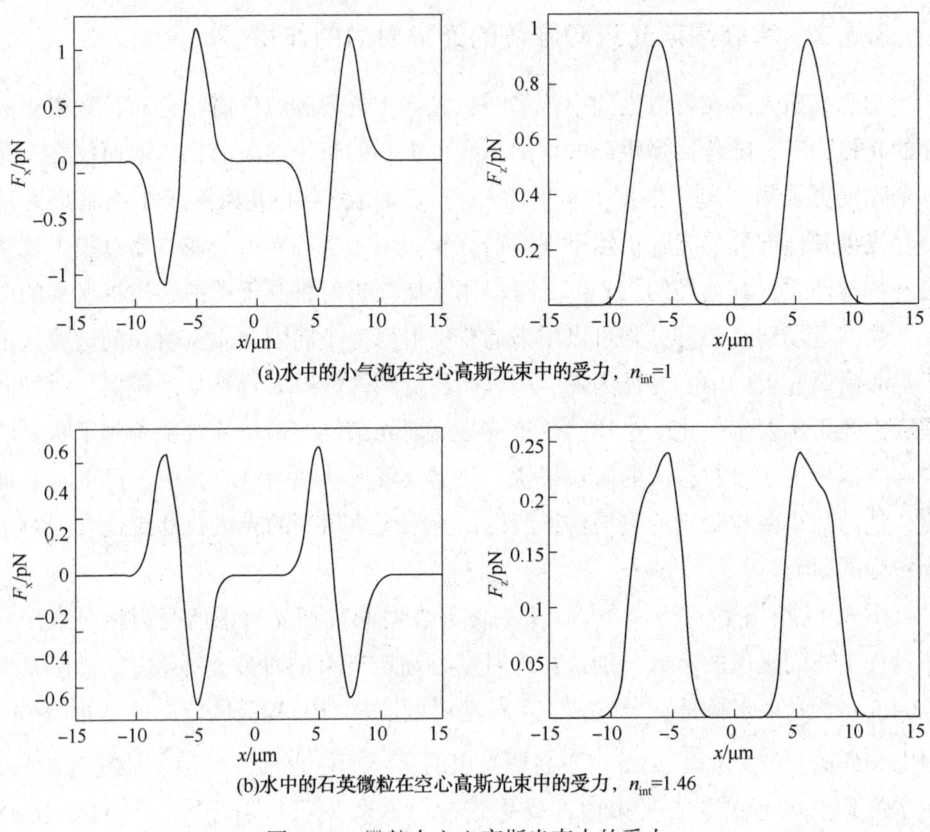


图 3.12 微粒在空心高斯光束中的受力

图 3.12(b)表示的是石英微粒在空心高斯光束中的受力情况，石英微粒的折射率是 1.46。从图中可以看出，对于微粒的折射率高于周围介质折射率的情况，当微粒的位置 $|x| < x_{HGB}$，微粒将在梯度力的作用下向远离光束中心的方向运动；当微粒的位置 $|x| > x_{HGB}$，梯度力将会使微粒向着光束中心的方向运动。在横向梯度力的作用下，空心高斯光束会对位于光束中心处的高折射率微粒进行清理，而对光束外围的高折射率微粒则进行俘获。这样，空心高斯光束便可以将光束附近的高折射率微粒按照光束形状进行重新排列。

## 第四节　本章小结

本章我们根据五阶近似的高斯光束，模拟了米氏微粒对高斯光束的散射作用，计算结果表明，当微粒折射率低于周围介质折射率时，微粒对高斯光束的作用相当于一个发散的透镜，而当微粒折射率大于周围介质折射率时，微粒对光束的作用相当于一个会聚的透镜，并且微粒的折射率越高，光束经微粒散射后在其后方形成的光斑越小，峰值光强越强。对微粒所受辐射力的分析表明，高斯型光镊只能对折射率大于周围介质折射率的微粒实施有效俘获，而对低折射率的微粒则推离光场。接着我们模拟了空心高斯光束在介质中的传播情况，空心高斯光束在近场区域的光强呈筒状分布，并且光束在传播几个衍射长度后形状不会发生变化。由于光束携带的能量是有限的，随着传播距离的增加，空心高斯光束发生衍射，光束开始变得发散，但是光束在传播 $10z_R$ 后，在光轴上出现亮斑，其强度大约是入射光强的两倍。正是由于空心高斯光束在传播中出现的这种有趣现象，人们利用其近场区域的光束来俘获折射率低于周围介质折射率的微粒，而利用其远场部分的光束来俘获折射率高于周围介质折射率的微粒。

# 第四章

# 艾里光束对微粒的俘获与输运

# 第一节 引 言

随着人们对光镊技术研究的不断加强和深入，光学微操控技术已经在越来越多的领域中表现出其特有的优势并得到了广泛的应用，目前光学微操控技术的应用仍然集中在分子生物学、生物医学、材料物理和纳米光子学等领域。光学微操控技术以其自身的优点已成为微观领域研究中不可或缺的研究工具和手段，并极大地推动了相关科学的蓬勃发展。

一般来说，激光器发出的光的光强都是呈高斯形状分布，光束离开焦平面一段距离后会变得发散，相应的光强也会迅速减小，这样就使得高斯光束对微粒的俘获和操控只能限制在很小的范围内进行，而对于距离较远的微粒则无能为力。1987年，Durnin等人提出一种可以在自由空间传播的新型结构光束[134][135]，其光束焦斑尺寸只有几个波长大小，由此开启了对无衍射光束的系统研究。空心高斯光束作为无衍射光束的一种，可以在介质中传播几个衍射长度，而其空心形状不会发生变化，不过由于空心高斯光束的中心光强为零，使得作用在微粒上的沿光束传播方向的散射力较小，这样被俘获的不同性质的微粒很难被区分开来，所以空心高斯光束在光学微操控技术中主要用来作为光学牢笼来对微粒进行俘获以及光学清理。

1979年，Berry在研究自由粒子的运动时发现薛定谔方程存在一个无衍射的艾里波包解[136]，并且艾里波包不会随时间变化，这就使得艾里波导可以携带无穷大的能量，这与理论是相悖的。直到2007年，Siviloglou等人发现在艾里波包上加一个指数衰减的函数，其解仍然满足薛定谔方程，并在实验上首次成功实现了艾里光束[137]。艾里光束作为一种无衍射光束，其特有的横向加速性、自弯曲效应以及自愈等特点，引起了人们越来越多的关注，并利用艾里光束开展了一系列的实验研究，使得艾里光束在光电子学[138]、等离子通道[139]、微粒操控[144][145]、光弹产生[140]、光通道清理[141]和大气通信[142][143]等领域都有着非常重要的应用。

Baumgartl首次将艾里光束用于光学微操控的实验中，实现了艾里光束对微小粒子或细胞体的俘获和沿艾里光束光瓣通道的输运[144][145]，这一过程被形象地称作光介导粒子清理(Optically Mediated Particle Clearing，OMPC)。后来人们又对紧聚焦艾里光束[146]和环形自聚焦艾里光束[147]的性质和光俘获能力进行了研究。到目前为止，艾里光束已经在光学微操控的实验研究中占据了主导地位，不过对其定量的理论分析却相对滞后，并且大多工作都是集中于对瑞利粒子的研究中[148]~[150]，这是因为瑞利粒子在电磁场的极化下可以看做是点偶极子，可以采用瑞利模型来进行分析和模拟，该模型相对简单，且计算量很小，易于实现。然而在实际的光镊操控中，微粒的尺寸往往可以和入射光束的波长相比拟，这时瑞利模型不再适用，必须采用更为精确的米散射理论来进行数值模拟。在米理论的计算过程中需要引入大量特殊函数，并且需要进行多步叠加，这就大大增加了数值模拟的计算量。

本章我们采用平面波谱法得到了艾里光束在各向同性均匀介质中传播时的非傍轴解，并结合任意波理论(Arbitrary Beam Theory，ABT)得到艾里光束的散射场分布以及微粒在艾里光束中受到的光辐射力。最后以此为基础对米氏微粒在艾里光束中的俘获和运动轨迹进行了定量的数值模拟。

## 第二节　艾里光束在介质中的传播

假设传播介质是各向同性均匀无磁性的线性介质，$\rho=0$，$\boldsymbol{J}=0$，$\mu_r=1$，介质的折射率是 $n_{ext}$。艾里光束沿 $x$ 轴方向偏振，沿 $z$ 轴方向传播，在介质中的波数是 $k_{ext}=n_{ext}k_0$，其中 $k_0=2\pi/\lambda_0$ 是光束在真空中的波数，$\lambda_0$ 是真空中的波长。电磁波的时谐项可以表示为 $\exp(-i\omega t)$，$\omega=ck_{ext}/n_{ext}$是光束的圆频率，$c$ 是真空中的光速。

### 4.2.1　一维艾里光束

假设一维艾里光束是沿 $x$ 方向偏振的线偏光，其电磁场可以通过平面波谱法得到。光束在介质中的传播项是 $\exp[-i(\omega t-\boldsymbol{k}_{ext}\cdot\mathbf{r})]$，$\boldsymbol{k}_{ext}$是光束的波矢，在一维空间中可以表示为 $\boldsymbol{k}_{ext}=k_x\hat{i}+k_z\hat{k}$，$k_x=n_xk_{ext}$，$k_z=n_zk_{ext}$，$(n_x,\ n_z)$是波矢的方向余弦，且有 $n_x^2+n_z^2=1(-1\leqslant n_x\leqslant 1,\ 0\leqslant n_z\leqslant 1)$。与一维艾里光束电磁场相应的矢势可以表示为 $\mathbf{A}(x,\ z)=A_x(x,\ z)\hat{i}$，其满足亥姆霍兹方程$\nabla^2\mathbf{A}+k_{ext}^2\mathbf{A}=0$，该方程在 $z=0$ 平面的初始解是：

$$A_x(x,\ 0)=\mathrm{Airy}(x/x_r)\exp(a_0x/x_r) \tag{4.1}$$

式中 $a_0>0$——艾里光束的衰减因子；

$x_r$——任意的横向比例尺度；

$z_r=kx_r^2$——和瑞利长度相关的归一化传播距离；

$Airy(x/x_r)$——艾里函数，其正半支衰减得很快，这样就可以保证式的收敛性。

根据初值条件，由傅里叶逆变换可以得到一维艾里光束的平面波谱因子$F(n_x)$：

$$F(n_x)=\frac{1}{\sqrt{2\pi}}\int_{-\infty}^{+\infty}A_x(x,\ 0)\exp(-ik_x x)\mathrm{d}x$$
$$=\frac{x_r}{\sqrt{2\pi}}\exp(-a_0x_r^2k_{ext}^2n_x^2)\exp\left[\frac{1}{3}i(x_r^3k_{ext}^3n_x^3-3a_0^2x_rk_{ext}n_x-ia_0^3)\right] \tag{4.2}$$

从上式可以看出艾里光束的频谱因子包含了立方相位因子部分，这说明艾里光束可以通过对高斯光束进行立方相位调制来获得。通过对 $F(n_x)$的傅里叶变换，就可以得到矢势 $\mathbf{A}(x,\ z)$的平面波谱表示：

$$A_x(x,\ z)=\frac{1}{\sqrt{2\pi}}\int_{-\infty}^{+\infty}\mathrm{d}k_xF(n_x)\exp\{i[k_x(x-x_0)+k_z(z-z_0)]\}$$
$$=\frac{C}{ik_0}\int_{-\infty}^{\infty}\mathrm{d}k_xF(n_x)\exp\{i[k_x(x-x_0)+k_z(z-z_0)]\}$$
$$=\frac{C}{ik_0}\int_{-1}^{1}\mathrm{d}n_xF(n_x)\exp\{in_{ext}k_0[n_x(x-x_0)+n_z(z-z_0)]\} \tag{4.3}$$

式中 $C$——归一化系数，可由光束的入射功率或峰值光强来决定(注：上式中两个 $C$ 的值不相等)；

$(x_0,\ z_0)$——艾里光束中心的坐标位置。

在洛伦兹规范条件下，根据麦克斯韦方程组可以得到艾里光束的电磁场和矢势 $\mathbf{A}$ 之间的关系：

$$\mathbf{E}^i=\frac{i}{n_{ext}^2k_0}\nabla\times\nabla\times\mathbf{A} \tag{4.4}$$

$$\mathbf{H}^i=\nabla\times\mathbf{A} \tag{4.5}$$

其中上标 $i$ 表示入射场(incident field)，$\mathbf{E}^i$ 和$\mathbf{H}^i$ 的对称关系可以表示为：

$$\mathbf{E}^i=\frac{i}{n_{ext}^2k_0}\nabla\times\mathbf{H}^i \tag{4.6}$$

$$\mathbf{H}^i = -\frac{i}{k_0}\nabla\times\mathbf{E}^i \tag{4.7}$$

这样一维艾里光束的电磁场可以表示为：

$$\mathbf{E}^i = -\frac{i}{n_{ext}^2 k_0}\frac{\partial^2 A_x(x,\ z)}{\partial z^2}\hat{i} + \frac{i}{n_{ext}^2 k_0}\frac{\partial^2 A_x(x,\ z)}{\partial x \partial z}\hat{k} \tag{4.8}$$

$$\mathbf{H}^i = \frac{\partial A_x(x,\ z)}{\partial z}\hat{j} \tag{4.9}$$

将式(4.3)代入和式(4.8)~(4.9)，一维艾里光束的电磁场各个分量可以表示为：

$$E_x^i = C\int_{-1}^{1} \mathrm{d}n_x n_z^2 F(n_x)\exp[if_{1D}^i(x,\ z)] \tag{4.10}$$

$$E_z^i = -C\int_{-1}^{1} \mathrm{d}n_x n_x n_z F(n_x)\exp[if_{1D}^i(x,\ z)] \tag{4.11}$$

$$H_y^i = n_{ext}C\int_{-1}^{1} \mathrm{d}n_x n_z F(n_x)\exp[if_{1D}^i(x,\ z)] \tag{4.12}$$

$$E_y^i = H_x^i = H_z^i = 0 \tag{4.13}$$

其中，$f_{1D}^i(x,\ z) = n_{ext}k_0[n_x(x-x_0)+n_z(z-z_0)]$是一维艾里光束的相位函数。

### 4.2.2 二维艾里光束

对于二维艾里光束，我们仍然考虑沿 $x$ 轴方向偏振的线偏光。二维艾里光束的波矢可以表示为 $\boldsymbol{k}_{ext} = k_x\hat{i} + k_y\hat{j} + k_z\hat{k}$，其大小是光束在介质中的波数 $k_{ext} = \sqrt{k_x^2+k_y^2+k_z^2}$，其方向指向光束的传播方向，且有 $k_x = n_x k_{ext}$，$k_y = n_y k_{ext}$，$k_z = n_z k_{ext}$，$n_x^2+n_y^2+n_z^2 = 1$，其中$(n_x,\ n_y,\ n_z)$是波矢的方向余弦。

假设二维艾里光束的矢势是 $\mathbf{A} = A_x(x,\ y,\ z)\hat{i}$，其满足亥姆霍兹方程，根据分离变量法可以得到该方程在 $z=0$ 平面上的初始解是：

$$A_x(x,\ y,\ z=0) = Airy\left(\frac{x}{x_r}\right)Airy\left(\frac{y}{y_r}\right)\exp\left(a_x\frac{x}{x_r}\right)\exp\left(a_y\frac{y}{y_r}\right) \tag{4.14}$$

其中，$a_x$ 和 $x_r$ 是二维艾里光束在横向 $x$ 方向上的衰减因子和比例尺度，而 $a_y$ 和 $y_r$ 是 $y$ 方向上的衰减因子和比例尺度。根据傅里叶逆变换可以得到二维艾里光束的平面波谱因子：

$$F(n_x,\ n_y) = \frac{1}{2\pi}\iint_{-\infty}^{+\infty} A_x(x,\ y,\ z=0)\exp(-ik_x x - ik_y y)\mathrm{d}x\mathrm{d}y$$

$$= \frac{x_r y_r}{2\pi} \exp(-a_x x_r^2 k_{ext}^2 n_x^2) \exp\left[\frac{i}{3}(x_r^3 k_{ext}^3 n_x^3 - 3a_x^2 x_r k_{ext} n_x - ia_x^3)\right]$$
$$\cdot \exp(-a_y y_r^2 k_{ext}^2 n_y^2) \exp\left[\frac{i}{3}(y_r^3 k_{ext}^3 n_y^3 - 3a_y^2 y_r k_{ext} n_y - ia_y^3)\right] \tag{4.15}$$

再由傅里叶变换就可以得到矢势 $A$ 的标量部分：

$$A_x(x, y, z) = \frac{C}{ik_0} \int\int_{-1}^{+1} \mathrm{d}n_x \mathrm{d}n_y F(n_x, n_y)$$
$$\cdot \exp\{ik_{ext}[n_x(x - x_0) + n_y(y - y_0) + n_z(z - z_0)]\} \tag{4.46}$$

式中　　$C$——常数因子(由入射光束的光功率决定)；
$(x_0, y_0, z_0)$——艾里光束的中心位置坐标。

将式(4.16)代入和式(4.6)~式(4.7)，就可以得到二维艾里光束的电磁场分布公式：

$$E_x^i = -\frac{i}{n_{ext}^2 k_0}\left(\frac{\partial^2 A_x}{\partial y^2} + \frac{\partial^2 A_x}{\partial z^2}\right)$$
$$= C\int\int_{-1}^{+1} \mathrm{d}n_x \mathrm{d}n_y \cdot (1 - n_x^2) F(n_x, n_y) \exp[if_{2D}^i(x, y, z)] \tag{4.17}$$

$$E_y^i = \frac{i}{n_{ext}^2 k_0} \frac{\partial^2 A_x}{\partial x \partial y}$$
$$= -C\int\int_{-1}^{+1} \mathrm{d}n_x \mathrm{d}n_y \cdot n_x n_y F(n_x, n_y) \exp[if_{2D}^i(x, y, z)] \tag{4.18}$$

$$E_z^i = \frac{i}{n_{ext}^2 k_0} \frac{\partial^2 A_x}{\partial x \partial z}$$
$$= -C\int\int_{-1}^{+1} \mathrm{d}n_x \mathrm{d}n_y \cdot n_x n_z F(n_x, n_y) \exp[if_{2D}^i(x, y, z)] \tag{4.19}$$

$$H_x^i = 0 \tag{4.20}$$

$$H_y^i = \frac{\partial A_x}{\partial z}$$
$$= n_{ext} C\int\int_{-1}^{+1} \mathrm{d}n_x \mathrm{d}n_y \cdot n_z F(n_x, n_y) \exp[if_{2D}^i(x, y, z)] \tag{4.21}$$

$$H_z^i = \frac{\partial A_x}{\partial y}$$

$$= - n_{ext} C \iint_{-1}^{+1} \mathrm{d}n_x \mathrm{d}n_y \cdot n_y F(n_x, n_y) \exp[i f_{2D}^i(x, y, z)] \quad (4.22)$$

其中，$f_{2D}^i(x, y, z) = k_{ext}[n_x(x-x_0) + n_y(y-y_0) + n_z(z-z_0)]$是二维艾里光束的相位函数。

### 4.2.3 艾里光束的光强分布

电磁场的能流密度矢量(Poynting Vector)$\mathbf{S} = \frac{c}{4\pi}(\mathbf{E} \times \mathbf{H})$可以描述光能量在介质中的传播，**S** 在数值上等于单位时间内垂直流过单位横截面的能量，其方向代表能量的传输方向，也就是光束的传播方向。光强是单位面积上的平均光功率，或者说是光的平均能流密度，也就是说光强是坡印廷矢量 **S** 的时间平均值。

$$\boldsymbol{I} = \langle \mathbf{S} \rangle_T = \frac{c}{4\pi} \langle \mathbf{E}(\mathbf{r}, t) \times \mathbf{H}(\mathbf{r}, t) \rangle_T$$

$$= \frac{c}{8\pi} Re[\mathbf{E}(\mathbf{r}) \times \mathbf{H}^*(\mathbf{r})] \quad (4.23)$$

式中，$c$ 是真空中的光速，将电磁场写成分量的形式，这样光强就可以表示为：

$$I_x = \frac{c}{8\pi} Re[E_y H_z^* - E_z H_y^*] \quad (4.24)$$

$$I_y = \frac{c}{8\pi} Re[E_z H_x^* - E_x H_z^*] \quad (4.25)$$

$$I_z = \frac{c}{8\pi} Re[E_x H_y^* - E_y H_x^*] \quad (4.26)$$

在实际应用中，我们经常用光功率来描述激光光束的强弱，光功率是指光束在单位时间内通过某一截面的光能量。若用 $\hat{n}$ 表示某封闭曲面的外法线单位矢量，$\hat{\mu}$ 表示曲面的内法线单位矢量，$\hat{\mu} = -\hat{n}$，则通过该曲面流进体积 $V$ 内的全部光功率可以表示为：

$$P = -\int_s \langle \mathbf{S} \rangle_T \cdot \mathrm{d}\mathbf{s} = -\int_s \langle \mathbf{S} \rangle_T \cdot \hat{n} \mathrm{d}s = \int_s \langle \mathbf{S} \rangle_T \cdot \hat{\mu} \mathrm{d}s$$

$$= \frac{c}{8\pi} \int_s Re[\mathbf{E}(\mathbf{r}) \times \mathbf{H}^*(\mathbf{r})] \cdot \hat{\mu} \mathrm{d}s \quad (4.27)$$

将上式写成分量的形式：

$$P = \frac{c}{8\pi} Re\int_s [(E_y H_z^* - E_z H_y^*)\hat{i} + (E_z H_x^* - E_x H_z^*)\hat{j} + (E_x H_y^* - E_y H_x^*)\hat{k}] \cdot \hat{\mu} ds \tag{4.28}$$

图 4.1 给出了一维艾里光束在介质中传播 180μm 时的光强分布，其中图(a)是光强的 $x$ 分量，图(b)是光强的 $z$ 分量，我们选取的模拟参数是 $\lambda_0 = 1.064\mu m$，$x_r = 2\mu m$，$a_0 = 0.1$，光束的峰值光强是 $I_{peak} = 1.4518 \times 10^9 W/m^2$。计算结果表明，艾里光束的 $z$ 分量光强占主导地位，其值要比 $x$ 分量光强大一个数量级。艾里光束的主瓣位于光束中心的位置，各级次瓣沿 $x$ 轴负方向依次排列，且各瓣的峰值光强依次减小。从图中可以看出，由于电磁场的非对称分布，使得艾里光束在传播过程中可以自由弯曲，并且艾里光束在传播几个衍射长度后，各个光瓣的直径基本不变，这说明在一定距离范围内艾里光束的能量能够保持得很好，无明显衍射现象出现。但是随着传播距离的进一步延伸，艾里光束的峰值光强在不断地减小，图 4.2 分别给出了传播距离为 $z=0$，40，80，120μm 时一维艾里光束的光强变化。另外，艾里光束的有效传播距离还和衰减因子 $a_0$ 有关，$a_0$ 越小，艾里光束的无衍射特征越明显，在实验中我们可以选择合适的 $a_0$ 值来对微粒进行有效的操控和筛选。

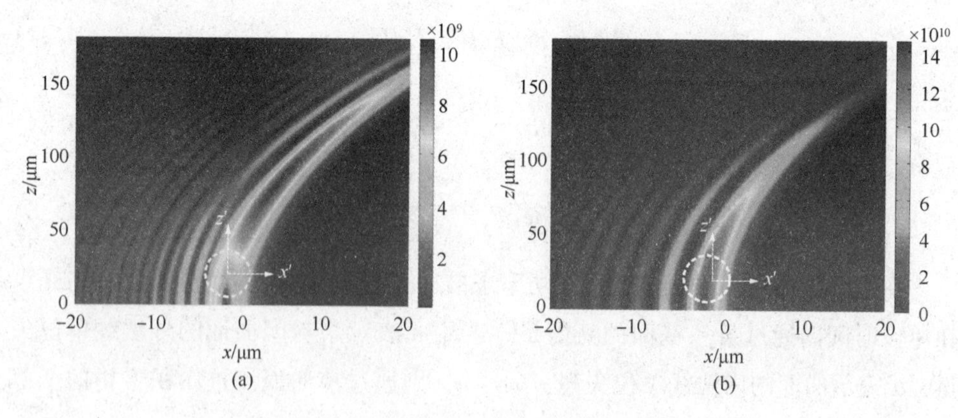


图 4.1　一维艾里光束在介质中传播时的光强分布，
图(a)是光强的 $x$ 分量，图(b)是光强的 $y$ 分量

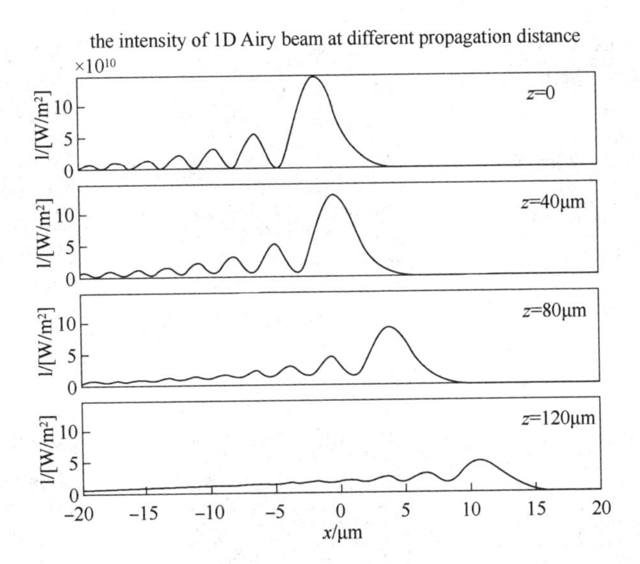


图 4.2 一维艾里光束的光强沿传播方向的分布情况，
分别对应 $z=0$，$z=40\mu m$，$z=80\mu m$，$z=120\mu m$

图 4.3 是二维艾里光束在不同传播距离时光强在 $xy$ 平面上的分布情况，计算中我们选取的分别是 $z=0$，$z=80\mu m$ 和 $z=130\mu m$ 平面，并考察了参数 $x_r$ 和 $y_r$ 对艾里光束传播的影响（$x_r$ 和 $y_r$ 是艾里光束在入射面上的第一个峰值到光束中心的距离）。从图(a)中可以看出，当 $x_r=y_r$ 时，二维艾里光束在传播过程中沿 $x$ 轴方向和沿 $y$ 轴方向偏转的距离相等。当 $x_r\neq y_r$ 时，二维艾里光束在传播过程中将向小值对应的方向偏转，如图(b)和图(c)所示。

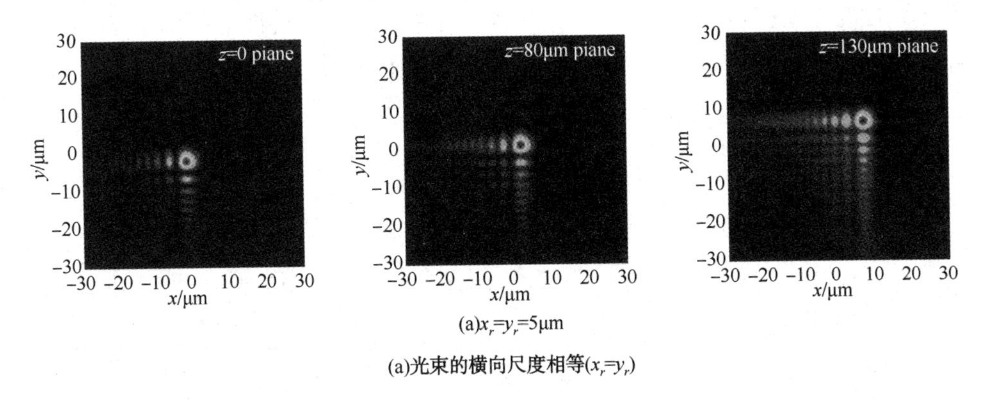


(a)$x_r=y_r=5\mu m$

(a)光束的横向尺度相等($x_r=y_r$)

图 4.3 二维艾里光束分别在 $z=0$、$z=80\mu m$ 和 $z=130\mu m$ 平面上的光强分布

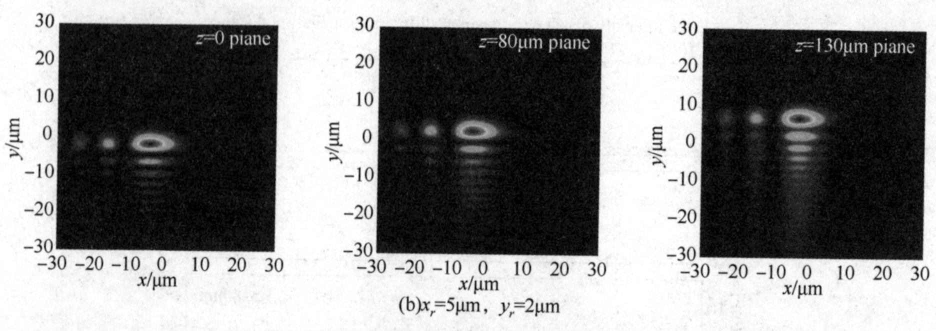


(b)$x_r$=5μm，$y_r$=2μm

(b)光束沿x轴的横向尺度大于沿y轴的横向尺度($x_r$>$y_r$)

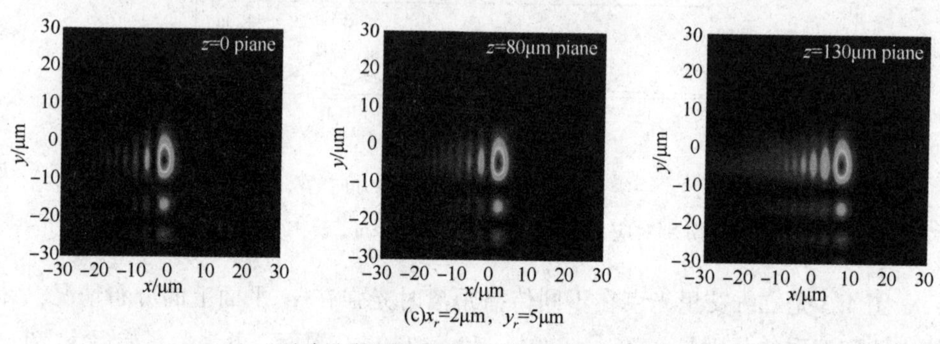


(c)$x_r$=2μm，$y_r$=5μm

(c)光束沿x轴的横向尺度小于沿y轴的横向尺度($x_r$<$y_r$)

图 4.3　二维艾里光束分别在 $z=0$、$z=80\mu m$ 和 $z=130\mu m$ 平面上的光强分布(续)

随着激光技术的不断发展，人们已经不再局限于简单的单光束操控粒子，为了得到新型结构光束来进一步提高光学微操控技术的有效增益，双光束或多光束操控微粒的方案已被开发利用[151]。我们采用平面波谱法获得了一维交叉 Airy 光束，交叉 Airy 光束存在“面对面”和“背对背”两种交叉机制，如图 4.4 所示。

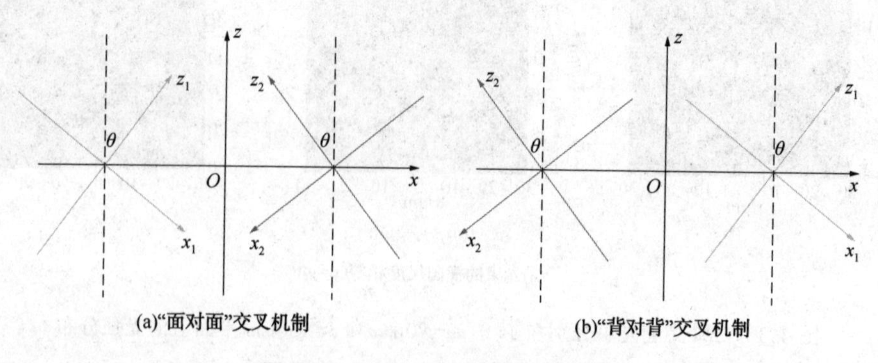


(a)“面对面”交叉机制　　(b)“背对背”交叉机制

图 4.4　交叉 Airy 光束的传播机制

在这两种机制中，电磁场的横向分量相互抵消，而纵向分量相互叠加。基于 Airy 光束的平面波谱法，我们给出了“面对面”和“背对背”交叉 Airy 光束的光强分布，如图 4.5 所示。由于干涉作用的存在，“面对面”交叉 Airy 光束在传播轴上形成两个强场区域，而“背对背”交叉 Airy 光束在传播轴上只存在一个范围较大的强场区域，其强度和位置均由入射光束的偏转角度 $\theta$ 来控制。并且随着偏转角度 $\theta$ 的增加，交叉 Airy 光束沿传播轴的对称性将被破坏。

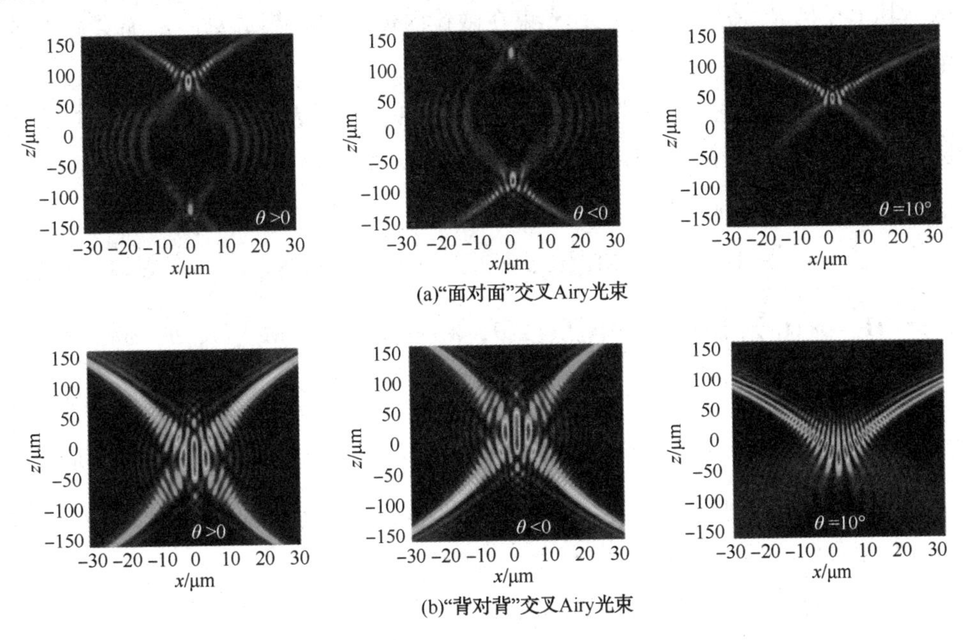


图 4.5 交叉 Airy 光束的光强分布

微粒在光场中受到的光辐射力和光强分布成正比，所以和相同功率的单 Airy 光束相比，交叉 Airy 光束可以使微粒获得更大的俘获和输运能力。在“面对面”交叉 Airy 光束中，当光束的偏转角度 $\theta$ 较小时，在光束的传播轴上存在两个强场区域，可以使微粒获得两次加速，从而实现微粒的连续两次筛选。在“背对背”交叉 Airy 光束中，当光束的偏转角度 $\theta$ 较大时，光束通道也会随之增多，从而可以更好地实现微粒的重新排列，有望使俘获效果比单 Airy 光束更胜一筹。

## 第三节 艾里光束经微粒散射后的散射场分布

本节采用米散射理论来分析米氏微粒对艾里光束的散射作用，并由此得到艾里光束经微粒散射后的电磁场分布。假设散射微粒是各向同性非磁性的均匀小球，其半径是 $R$，折射率是 $n_{int}$，光束在微粒内传播的波数是 $k_{int}=n_{int}k_0$，$k_0$ 是光束在真空中的波数。

在求解散射问题时需要将直角坐标系$(x, y, z)$中表示的电磁场转换成球坐标系$(r, \theta, \varphi)$中的表示形式，并按照无散矢量球面波函数(solenoidal vector spherical wave functions)$\mathbf{M}_{lm}^{(0)}$和$\mathbf{N}_{lm}^{(0)}$的形式展开。这样入射光束可以表示为：

$$\mathbf{E}^i = iC\sum_{lm}[\alpha(l, m)\mathbf{M}_{lm}^{(0)}(r, \theta, \varphi)+\beta(l, m)\mathbf{N}_{lm}^{(0)}(r, \theta, \varphi)] \quad (4.29)$$

$$\mathbf{H}^i = n_{ext}C\sum_{lm}[\alpha(l, m)\mathbf{N}_{lm}^{(0)}(r, \theta, \varphi)+\beta(l, m)\mathbf{M}_{lm}^{(0)}(r, \theta, \varphi)] \quad (4.30)$$

其中，$\sum_{lm}$ 表示对 $l$ 和 $m$ 求和，且 $0\leqslant l<\infty$，$-l\leqslant m\leqslant l$，$\alpha(l, m)$和$\beta(l, m)$是入射光束的展开系数，可以根据入射艾里光束的电磁场表达式(4.10)~(4.13)或式(4.17)来确定。

介质中的无散矢量球面波函数$\mathbf{M}_{lm}^{(s)}$和$\mathbf{N}_{lm}^{(s)}$定义为：

$$\mathbf{M}_{lm}^{(s)}=\nabla\times[\mathbf{r}F_{lm}^{(s)}(r, \theta, \varphi)] \quad (4.31)$$

$$\mathbf{N}_{lm}^{(s)}=\frac{1}{nk_0}\nabla\times\nabla\times[\mathbf{r}F_{lm}^{(s)}(r, \theta, \varphi)] \quad (4.32)$$

$$F_{lm}^{(s)}(r, \theta, \varphi)=Z_l^{(s)}(nk_0r)P_l^m(\cos\theta)\exp(im\varphi)(s=0, 1) \quad (4.33)$$

式中 $(r, \theta, \varphi)$——考察点的位置坐标；

$n$——传播介质的折射率；

$P_l^m(\cos\theta)$——连带勒让德多项式(associated Legendre polynomial)。

当 $s=0$ 时，$Z_l^{(0)}(nk_0r)$表示球贝塞尔函数(spherical Bessel function)$j_l(nk_0r)$；当 $s=1$ 时，$Z_l^{(1)}(nk_0r)$表示第一类球汉克尔函数(spherical Hankel function of the first kind)$h_l^{(1)}(nk_0r)$。将式(4.33)代入式(4.31)~(4.32)，经过一系列计算可以得到$\mathbf{M}_{lm}^{(s)}$和$\mathbf{N}_{lm}^{(s)}$的表达式：

$$\mathbf{M}_{lm}^{(s)}(r,\ \theta,\ \varphi)=\frac{im}{\sin\theta}Z_l^{(s)}(nk_0r)P_l^m(\cos\theta)\exp(im\varphi)\hat{e}_\theta$$
$$-Z_l^{(s)}(nk_0r)\exp(im\varphi)\frac{\partial P_l^m(\cos\theta)}{\partial\theta}\hat{e}_\varphi \tag{4.34}$$

$$\mathbf{N}_{lm}^{(s)}(r,\ \theta,\ \varphi)=\frac{l(l+1)}{nk_0r}Z_l^{(s)}(nk_0r)P_l^m(\cos\theta)\exp(im\varphi)\hat{e}_r$$
$$+\frac{1}{nk_0r}\exp(im\varphi)\frac{\partial P_l^m(\cos\theta)}{\partial\theta}\frac{\partial}{\partial r}[rZ_l^{(s)}(nk_0r)]\hat{e}_\theta$$
$$+\frac{1}{nk_0r}\frac{im}{\sin\theta}P_l^m(\cos\theta)\exp(im\varphi)\frac{\partial}{\partial r}[rZ_l^{(s)}(nk_0r)]\hat{e}_\varphi \tag{4.35}$$

从式(4.34)~(4.35)可以看出，只有$\mathbf{N}_{lm}^{(s)}(r,\ \theta,\ \varphi)$存在径向分量。并且$\mathbf{M}_{lm}^{(s)}$和$\mathbf{N}_{lm}^{(s)}$之间存在如下的对称关系：

$$\nabla\times\mathbf{M}_{lm}^{(s)}=nk_0\ \mathbf{N}_{lm}^{(s)} \tag{4.36}$$

$$\nabla\times\mathbf{N}_{lm}^{(s)}=nk_0\ \mathbf{M}_{lm}^{(s)} \tag{4.37}$$

### 4.3.1 一维艾里光束的入射系数

在研究一维艾里光束时，我们只考虑电磁波在 $x$-$z$ 平面的分布，这样 $\varphi$ 只能取 0 和 $\pi$ 两个值[152]，这样一维艾里光束的相位函数可以表示为：

$$f_{1D}^i(x,\ z)=n_{ext}k_0r(n_x\sin\theta\cos\varphi+n_z\cos\theta)+g_{1D}(\mathbf{r}_0) \tag{4.38}$$

其中，$g_{1D}(\mathbf{r}_0)=-n_{ext}k_0(n_xx_0+n_zz_0)$，引入参数 $\theta_k$ 和 $\varphi_k$，令 $\cos\theta_k=n_z$，$\sin\theta_k=\sqrt{1-n_z^2}$，$\cos\varphi_k=n_x/\sqrt{1-n_z^2}$，$\sin\varphi_k=0$，这样式可以写为：

$$f_{1D}^i(x,\ z)=g_{1D}(\mathbf{r}_0)+n_{ext}k_0r[\cos\theta\cos\theta_k$$
$$+\sin\theta\sin\theta_k(\cos\varphi\cos\varphi_k+\sin\varphi\sin\varphi_k)] \tag{4.39}$$

则一维艾里光束的传播项 $\exp[if_{1D}^i(x,\ z)]$ 可以写成如下的形式：

$$\exp[if_{1D}^i(x,\ z)]=\exp[ig_{1D}(\mathbf{r}_0)]\cdot\exp\{in_{ext}k_0r[\cos\theta\cos\theta_k$$
$$+\sin\theta\sin\theta_k(\cos\varphi\cos\varphi_k+\sin\varphi\sin\varphi_k)]\}$$
$$=\exp[ig_{1D}(r_0)]\cdot\sum_{lm}i^l(2l+1)\frac{(l-m)!}{(l+m)!}P_l^m(\cos\theta_k)$$
$$\cdot\exp(-im\varphi_k)j_l(n_{ext}k_0r)P_l^m(\cos\theta)\exp(im\varphi) \tag{4.40}$$

通过比较一维艾里光束的电磁场径向分量，经过一系列复杂计算，就可以得到一维艾里光束的入射系数 $\alpha(l, m)$ 和 $\beta(l, m)$：

$$\alpha(l, m) = -i^l \int_{-1}^{1} \mathrm{d}n_x F(n_x) \exp[ig_{1D}(\vec{r}_0)]$$

$$\frac{2l+1}{2l(l+1)} \frac{(l-m)!}{(l+m)!} \frac{n_x^m}{(1-n_z^2)^{(m+1)/2}} n_x n_z A(l, m) \tag{4.41}$$

$$\beta(l, m) = i^l \int_{-1}^{1} \mathrm{d}n_x F(n_x) \exp[ig_{1D}(\vec{r}_0)]$$

$$\frac{2l+1}{2l(l+1)} \frac{(l-m)!}{(l+m)!} \frac{n_x^m}{(1-n_z^2)^{(m+1)/2}} n_x n_z B(l, m) \tag{4.42}$$

$$A(l, m) = n_z [P_l^{m+1}(\cos\theta_k) + (l+m)(l-m+1) P_l^{m-1}(\cos\theta_k)] + 2m\sqrt{1-n_z^2} P_l^m(\cos\theta_k) \tag{4.43}$$

$$B(l, m) = P_l^{m+1}(\cos\theta_k) - (l+m)(l-m+1) P_l^{m-1}(\cos\theta_k) \tag{4.44}$$

### 4.3.2 二维艾里光束的入射系数

在球坐标系中，二维艾里光束的相位函数可以表示为：

$$f_{2D}^i(x, y, z) = n_{ext} k_0 r(n_x \sin\theta\cos\varphi + n_y \sin\theta\sin\varphi + n_z \cos\theta) + g_{2D}(\mathbf{r_0}) \tag{4.45}$$

其中，$g_{2D}(\mathbf{r_0}) = -n_{ext} k_0 (n_x x_0 + n_y y_0 + n_z z_0)$，令 $\cos\theta_k = n_z$，$\sin\theta_k = \sqrt{1-n_z^2}$，$\cos\varphi_k = n_x / \sqrt{1-n_z^2}$，$\sin\varphi_k = n_y / \sqrt{1-n_z^2}$。这样，二维艾里光束的传播项 $\exp[if_{2D}^i(x, y, z)]$ 可以写成如下的形式：

$$\exp[if_{2D}^i(x, y, z)] = \exp[ig_{2D}(\mathbf{r_0})] \cdot \sum_{\mathrm{lm}} \mathrm{i}^{\mathrm{l}}(\mathbf{2l+1}) \frac{(\mathrm{l-m})!}{(\mathrm{l+m})!} \mathrm{P}_{\mathrm{l}}^{\mathrm{m}}(cos\theta_{\mathrm{k}})$$

$$\cdot exp(-\mathrm{i}m\varphi_{\mathrm{k}}) \mathrm{j}_{\mathrm{l}}(\mathrm{n}_{\mathrm{ext}} \mathbf{k_0} \mathrm{r}) \mathrm{P}_{\mathrm{l}}^{\mathrm{m}}(cos\theta) exp(\mathrm{i}m\varphi) \tag{4.46}$$

与一维艾里光束的入射系数的计算方法相仿，通过比较电磁场的径向分量，可以得到二维艾里光束的入射系数 $\alpha(l, m)$ 和 $\beta(l, m)$：

$$\alpha(l, m) = i^l \iint_{-1}^{1} \mathrm{d}n_x \mathrm{d}n_y F(n_x, n_y) \exp[ig_{2D}(\mathbf{r_0})] \frac{2l+1}{2l(l+1)} \frac{(l-m)!}{(l+m)!}$$

$$\frac{(n_x - in_y)^m}{(1-n_z^2)^{(m+1)/2}} [-n_x n_z A(l, m) - in_y B(l, m)] \tag{4.47}$$

$$\beta(l, m) = i^l \iint_{-1}^{1} \mathrm{d}n_x \mathrm{d}n_y F(n_x, n_y) \exp[ig_{2D}(\mathbf{r_0})] \frac{2l+1}{2l(l+1)} \frac{(l-m)!}{(l+m)!}$$

$$\frac{(n_x - in_y)^m}{(1-n_z^2)^{(m+1)/2}}[-in_y A(l, m) - n_x n_z B(l, m)] \tag{4.48}$$

$$A(l, m) = n_z[P_l^{m+1}(\cos\theta_k) + (l+m)(l-m+1)P_l^{m-1}(\cos\theta_k)] + 2m\sqrt{1-n_z^2}P_l^m(\cos\theta_k) \tag{4.49}$$

$$B(l, m) = P_l^{m+1}(\cos\theta_k) - (l+m)(l-m+1)P_l^{m-1}(\cos\theta_k) \tag{4.50}$$

从式(4.47)~(4.48)可以看出，当 $n_y=0$ 时，二维艾里光束的入射系数过渡到一维艾里光束的入射系数(4.41)~(4.42)。

在研究光束的散射问题时，在无穷远处采用索末菲辐射条件(Sommerfeld's Radiation Condition)，而在微粒内部采用正则条件(Regularity Condition)，这样光束被介质微粒散射后的散射场$\mathbf{E}^s$ 和$\mathbf{H}^s$ 与微粒内部的电磁场$\mathbf{E}^w$ 和$\mathbf{H}^w$ 也可以按矢量球面波函数$\mathbf{M}_{lm}^{(s)}$ 和$\mathbf{N}_{lm}^{(s)}$ 展开：

$$\mathbf{E}^s = iC\sum_{lm}[a_l\alpha(l, m)\mathbf{M}_{lm}^{(1)}(r, \theta, \varphi) + b_l\beta(l, m)\mathbf{N}_{lm}^{(1)}(r, \theta, \varphi)] \tag{4.51}$$

$$\mathbf{H}^s = n_{ext}C\sum_{lm}[a_l\alpha(l, m)\mathbf{N}_{lm}^{(1)}(r, \theta, \varphi) + b_l\beta(l, m)\mathbf{M}_{lm}^{(1)}(r, \theta, \varphi)] \tag{4.52}$$

$$\mathbf{E}^w = iC\sum_{lm}[c_l\alpha(l, m)\mathbf{M}_{lm}^{(0)}(r, \theta, \varphi) + d_l\beta(l, m)\mathbf{N}_{lm}^{(0)}(r, \theta, \varphi)] \tag{4.53}$$

$$\mathbf{H}^w = n_{int}C\sum_{lm}[c_l\alpha(l, m)\mathbf{N}_{lm}^{(0)}(r, \theta, \varphi) + d_l\beta(l, m)\mathbf{M}_{lm}^{(0)}(r, \theta, \varphi)] \tag{4.54}$$

根据电磁场的边界条件，电磁场的切向分量在微粒表面处连续，由此可以得到散射系数 $a_l$，$b_l$ 和透射系数 $c_l$，$d_l$：

$$a_l = \frac{\bar{n}\psi'_l(k_{int}R)\psi_l(k_{ext}R) - \psi_l(k_{int}R)\psi'_l(k_{ext}R)}{\psi_l(k_{int}R)\xi_l^{(1)}{}'(k_{ext}R) - \bar{n}\psi'_l(k_{int}R)\xi_l^{(1)}(k_{ext}R)} \tag{4.55}$$

$$b_l = \frac{\psi'_l(k_{int}R)\psi_l(k_{ext}R) - \bar{n}\psi_l(k_{int}R)\psi'_l(k_{ext}R)}{\bar{n}\psi_l(k_{int}R)\xi_l^{(1)}{}'(k_{ext}R) - \psi'_l(k_{int}R)\xi_l^{(1)}(k_{ext}R)} \tag{4.56}$$

$$c_l = \frac{\bar{n}\xi_l^{(1)}{}'(k_{ext}R)\psi_l(k_{ext}R) - \bar{n}\xi_l^{(1)}(k_{ext}R)\psi'_l(k_{ext}R)}{\psi_l(k_{int}R)\xi_l^{(1)}{}'(k_{ext}R) - \bar{n}\psi'_l(k_{int}R)\xi_l^{(1)}(k_{ext}R)} \tag{4.57}$$

$$d_l=\frac{\bar{n}\xi_l^{(1)\prime}(k_{ext}R)\psi_l(k_{ext}R)-\bar{n}\xi_l^{(1)}(k_{ext}R)\psi'_l(k_{ext}R)}{\bar{n}\psi_l(k_{int}R)\xi_l^{(1)\prime}(k_{ext}R)-\psi'_l(k_{int}R)\xi_l^{(1)}(k_{ext}R)} \tag{4.57}$$

其中，$\bar{n}=n_{int}/n_{ext}$，$\psi_l$ 和 $\xi_l^{(1)}$ 是黎卡提贝塞尔函数。

# 第四节　艾里光束对微粒的俘获和输运

## 4.4.1　微粒在艾里光束中光辐射力分析

本节我们来分析米氏微粒在一维艾里光束中的受力情况，微粒对艾里光束散射的示意图如图 4.6 所示，主坐标系$(x, y, z)$和参考坐标系$(x', y', z')$分别建立在光束中心和微粒中心处。图中 $R$ 和 $n_{int}$ 分别是散射微粒的半径和折射率，$n_{ext}$ 是周围介质的折射率，曲线表示的是艾里光束在入射面上的光强分布。

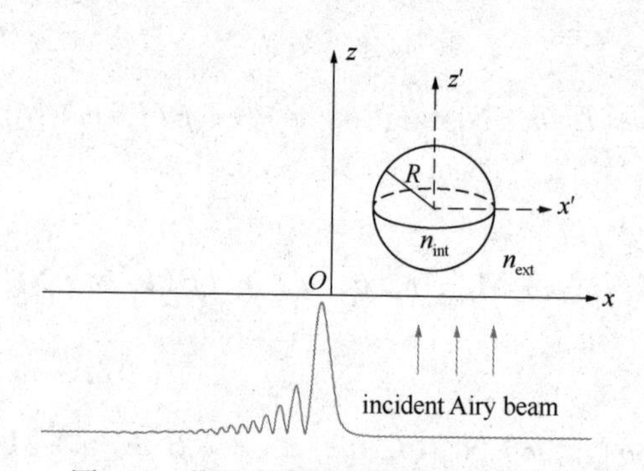


图 4.6　艾里光束对微粒操控的示意图

在稳态条件下，光束作用在米氏微粒上的光辐射力 **F** 可以表示为：

$$\langle \mathbf{F} \rangle = \langle \oint_s \hat{n} \cdot \overleftrightarrow{T} \mathrm{d}S \rangle \tag{4.59}$$

式中　$\overleftrightarrow{T}$——麦克斯韦压力张量；

$S$——包围散射微粒的积分曲面；

$\hat{n}$——积分曲面的外法线单位矢量；

尖括号〈〉——表示对其中的变量求时间平均值。

根据艾里光束经微粒散射后的散射场分布，再经过一系列复杂的代数运算，可以得到米氏微粒在艾里光束中受到的光辐射力：

$$\langle F_x\rangle + i\langle F_y\rangle = \frac{\alpha^2 R^2}{16\pi} i \sum_{l=1}^{\infty}\sum_{m=-l}^{l}\Big[ l(l+2)\sqrt{\frac{(l+m+1)(l+m+2)}{(2l+1)(2l+3)}}(2n_{ext}^2 a_{lm}a_{l+1,m+1}^* + n_{ext}^2 a_{lm}A_{l+1,m+1}^* + n_{ext}^2 A_{lm}a_{l+1,m+1}^* + 2b_{lm}b_{l+1,m+1}^* + b_{lm}B_{l+1,m+1}^* + B_{lm}b_{l+1,m+1}^*)$$
$$+ l(l+2)\sqrt{\frac{(l-m+1)(l-m+2)}{(2l+1)(2l+3)}}(2n_{ext}^2 a_{l+1,m-1}a_{lm}^* + n_{ext}^2 a_{l+1,m-1}A_{lm}^* + n_{ext}^2 A_{l+1,m-1}a_{lm}^* + 2b_{l+1,m-1}b_{lm}^* + b_{l+1,m-1}B_{lm}^* + B_{l+1,m-1}b_{lm}^*)$$
$$- n_{ext}\sqrt{(l+m+1)(l-m)}(-2a_{lm}b_{l,m+1}^* + 2b_{lm}a_{l,m+1}^* - a_{lm}B_{l,m+1}^* + b_{lm}A_{l,m+1}^* + B_{lm}a_{l,m+1}^* - A_{lm}b_{l,m+1}^*)\Big] \quad (4.60)$$

$$\langle F_z\rangle = -\frac{\alpha^2 R^2}{8\pi}\sum_{l=1}^{\infty}\sum_{m=-l}^{l}\mathrm{Im}\Big[ l(l+2)\sqrt{\frac{(l-m+1)(l+m+1)}{(2l+1)(2l+3)}}(2n_{ext}^2 a_{l+1,m}a_{lm}^* + n_{ext}^2 a_{l+1,m}A_{lm}^* + n_{ext}^2 A_{l+1,m}a_{lm}^* + 2b_{l+1,m}b_{lm}^* + b_{l+1,m}B_{lm}^* + B_{l+1,m}b_{lm}^*)$$
$$+ mn_{ext}(2a_{lm}b_{lm}^* + a_{lm}B_{lm}^* + A_{lm}b_{lm}^*)\Big] \quad (4.61)$$

式中 $\alpha=2\pi R/\lambda$——微粒的尺度参数；

$\lambda$——周围介质中的波长；

$A_{lm}$、$B_{lm}$、$a_{lm}$和$b_{lm}$——分别是和入射艾里光束和散射艾里光束相关的入射系数和散射系数。

在本节的数值模拟计算中，我们选取的参数分别是：$\lambda_0=1.064\mu m$，$x_r=2\mu m$，$a_0=0.1$，$I_{peak}=1.4518\times10^9 W/m^2$，$n_{ext}=1.33$。图4.7给出的是熔融石英微粒在不同z平面上受到的横向和纵向光辐射力分布，其中微粒的半径是2μm，折射率是1.46。从图中可以看出，微粒在艾里光束中受到的横向光辐射力$F_x$出现正负交替的振荡变化，其方向取决于微粒在光束中的位置，并总是指向最近光瓣的方向，这一现象主要是由光强沿$x$轴方向的梯度变化引起的，所以横向光辐射力也可以叫做梯度力，其作用是将微粒俘获至最近的光瓣中。同时，微粒受到的纵向光辐射力$F_z$总是指向$z$轴的正方向，与光束的传播方向一致，其主要是由光束的动量变化引起的，所以纵向光辐射力也可以叫做散射力，其作用是推动微粒沿光束能流传播的方向运动。尽管艾里光束是典型的无衍射光束，但是由于其能量有限，所以在传输较长距离后光束会变得发散，光强也会减弱，相应地，微粒受到的光辐射力也会随着传播距离的增加而减小。由于艾里光束在传播中的自弯曲效应，光辐射力的峰值位置也发生相应的移动。

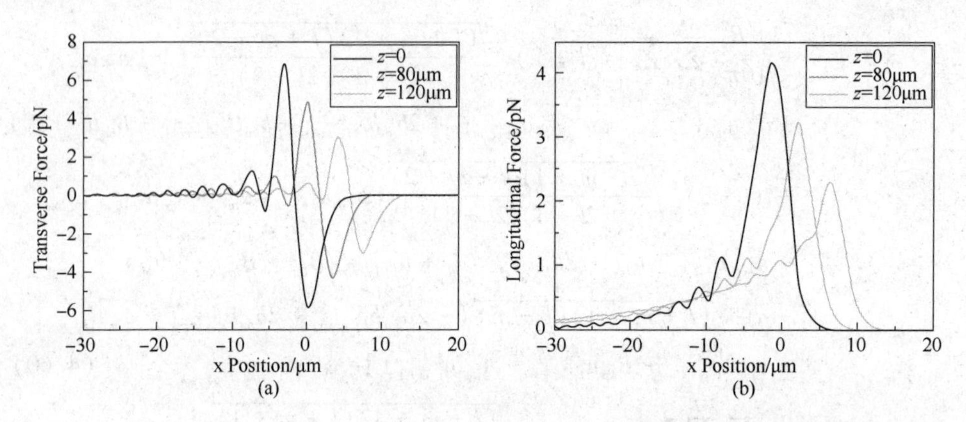


图 4.7　熔融石英微粒在 $z=0$，80μm 和 120μm 平面上受到的光辐射力

图 4.8 和图 4.9 分别给出了微粒半径和折射率对光辐射力的影响。在图 4.8 中，散射微粒在 $z=0$ 的平面上沿 $x$ 轴方向排列，微粒的折射率是 1.46，从图中可以看出，微粒受到的光辐射力随着微粒半径的越大而增大。在图 4.9 中，散射微粒在入射面上排列，微粒的半径是 2μm，所选取的微粒分别是熔融石英微粒、乳胶微粒和玻璃微粒，其折射率分别是 1.46，1.57 和 1.65，从图中可以看出，微粒的折射率越大受到的光辐射力也就越大，并且散射力对微粒折射率的变化更为敏感。我们还发现当微粒的尺度小于或等于光瓣的宽度时，横向和纵向光辐射力的极值位置与微粒半径均无关，当微粒尺度继续增大，由于光束相对变窄，使得照射在微粒表面上的光极度不均匀，就使得辐射力的极值位置发生偏移。

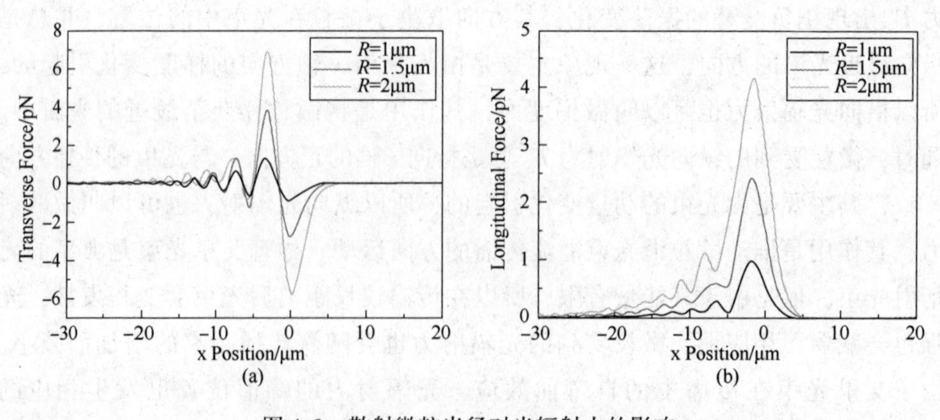


图 4.8　散射微粒半径对光辐射力的影响

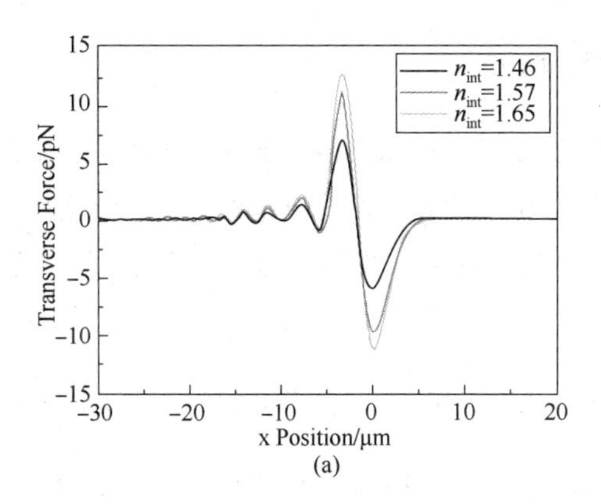


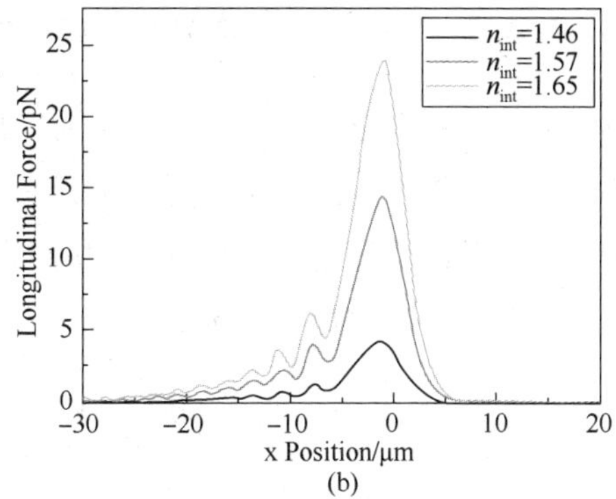


图 4.9 散射微粒的折射率对光辐射力的影响

在光镊中微粒受到的光辐射力和入射光束的能量有关，光束强度越强，微粒受到的光辐射力就越大，其在光镊中就越容易被俘获和操控。所以在实际操作中，光镊产生的光辐射力必须足以抵消掉其他力对微粒的影响，这样才可以有效地对微粒实施俘获和输运。图 4.10 给出了艾里光束在 $z=0$ 平面可以稳定悬浮熔融石英微粒所需要的峰值光强，微粒的半径分别是 1μm 和 2μm，密度是 $2.6\times10^3\mathrm{kg/m^3}$。从图中可以看到，当微粒的位置沿着 $x$ 轴正向远离光束主瓣时，稳定微粒所需要的能量会无限增大，而当微粒的位置沿着 $x$ 轴负向分布时，所需要的能量呈振荡分布，与艾里光束在入射面的光强分布类似。这说明微粒越靠近光束主瓣就越容易被俘获，而当微粒远离光束时(如微粒位于第三光瓣附近)，由于所需能量的增大，必然会对俘获的微粒产生热损伤。

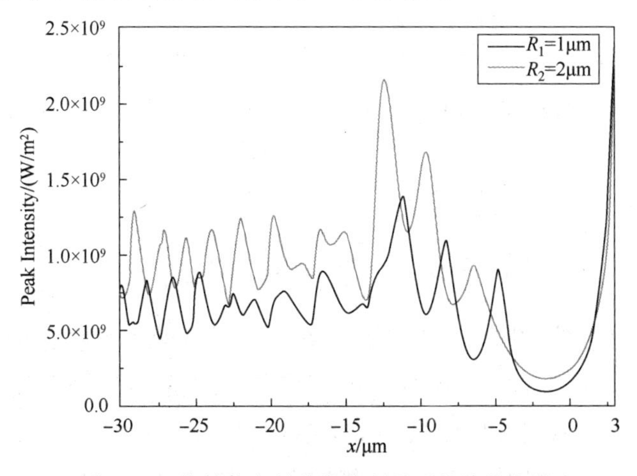


图 4.10 能够稳定俘获微粒所需要的峰值光强

### 4.4.2 微粒在艾里光束中的运动轨迹

本节我们来考察一维艾里光束对米氏微粒的俘获和输运，假设微粒与微粒之间没有相互作用。由于微粒受到的光辐射力在 $x$ 轴和 $z$ 轴的分量远远大于 $y$ 轴的分量，所以我们忽略 $F_y$ 的影响，并假设微粒是在 $x-z$ 平面内运动。微粒的运动轨迹由以下运动方程来决定：

$$M\frac{\mathrm{d}v}{\mathrm{d}t}=\mathbf{F}+\mathbf{F}_G+\mathbf{F}_b+\mathbf{F}_{drag}+\mathbf{F}_{Bn} \tag{4.62}$$

其中，$M$ 和 $v$ 分别是微粒的质量和瞬时速度，方程右端是微粒受到的合力，依次是光辐射力、重力、浮力、黏滞力和布朗力，式也称作朗之万方程(Langevin E-quation)。黏滞力是由于微粒在溶液中运动时，与溶液之间的相对运动产生的，可以用公式表示为：

$$\mathbf{F}_{drag}=-C_{drag}\boldsymbol{v} \tag{4.63}$$

式中 $C_{drag}=6\pi\eta R$——微粒在静止液体中运动时的斯托克斯阻力系数；

$\eta$——液体的黏滞系数，负号表示黏滞力的方向总是和微粒的速度方向相反。

布朗力是由微粒在溶液中的热运动引起的，并且粒子的尺度越小布朗运动越剧烈，其对光镊的影响也就会越明显。布朗力可以用高斯白噪声来模拟，即：

$$F_{Bn}=\sqrt{2C_{drag}k_BT}\xi \tag{4.64}$$

式中 $k_B$——Boltzmann 常数；

$T$——周围介质的热力学温度；

$\xi$——单位长度上的高斯白噪声。

将运动方程写成标量方程组：

$$\begin{cases}M\dfrac{\mathrm{d}^2x}{\mathrm{d}t^2}=F_x(x,\ z)-C_{drag}\dfrac{\mathrm{d}x}{\mathrm{d}t}+F_{Bn}\\[2ex] M\dfrac{\mathrm{d}^2z}{\mathrm{d}t^2}=F_z(x,\ z)+F_G+F_b-C_{drag}\dfrac{\mathrm{d}z}{\mathrm{d}t}+F_{Bn}\end{cases} \tag{4.65}$$

其中，$(x,\ z)$是微粒的瞬时位置坐标。在计算微粒的运动轨迹时，我们采用龙格-库塔迭代算法法，也就是说微粒在 $t$ 时刻的位置和速度是由$(t-\Delta t)$时刻的位置和速度来决定。$\Delta t$ 是数值模拟中选取的时间步长。

下面我们计算了水中的熔融石英微粒在一维艾里光束中的运动轨迹，艾里光

束的峰值光强是 $1.4518\times10^{9}$W/m$^{2}$，周围水介质的黏滞系数是 $7.978\times10^{-4}$Pa·s，温度是300K。如图4.11所示，微粒的半径是1μm，初始位置坐标分别是 $x=-3\mu m$，$-7\mu m$ 和 $-11\mu m$。正如前面所述，微粒在梯度力的作用下向最近的光瓣方向运动，并且离光瓣越近梯度力越小，当微粒被俘获至光瓣中心时梯度力减小为零，当微粒由于惯性继续向前运动时，梯度力变为反方向，这样微粒就被稳定地俘获在艾里光束的各级光瓣中，此时被俘获的微粒将在散射力的作用下沿光束能量传播的方向运动，也就是图中所示的抛物线轨迹。从图中可以看出，随着微粒离开入射面的距离增加，其运动轨迹出现波动，这是因为散射力的减小而使微粒的布朗运动变得越来越明显。

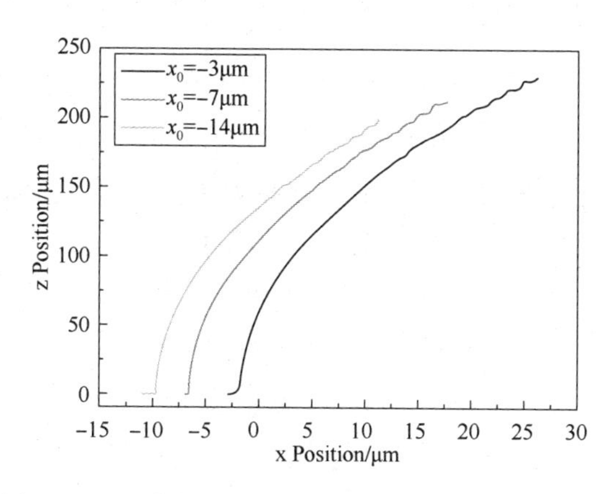


图4.11 不同位置处的微粒在艾里光束中的运动轨迹

图4.12给出了相同位置处不同半径的微粒在艾里光束中的运动轨迹。在(a)图中，入射光束的峰值光强是 $7.259\times10^{8}$W/m$^{2}$，微粒的初始位置坐标是(-3μm，0)，微粒半径分别是1μm，1.5μm和2μm。三种微粒被俘获至相同的光瓣中运动，其运动轨迹重合，大约80s后微粒到达各自的平衡位置 $A$(20.12μm，204.10μm)，$B$(16.84μm，189.36μm)和 $C$(13.78μm，173.22μm)，并且微粒半径越小，其运动的距离越远。从插入图中可以看到，微粒在各自的平衡位置处在随机布朗力的作用下做剧烈的布朗运动。这样就可以很容易地将不同尺度的微粒筛选出来。在(b)图中，我们选择的模拟参数是：峰值光强是 $3.630\times10^{8}$W/m$^{2}$，微粒的初始位置是(-11μm，0)。从图中可以看出，半径为1μm的微粒被俘获至附近的第三光瓣中运动，而半径为2μm的微粒，由于其受到的横向梯度力较大而穿越附近的光瓣跳至第二光瓣中运动，这样就实现了两种不同尺度的微粒被俘获至不同的光通道进行输运。

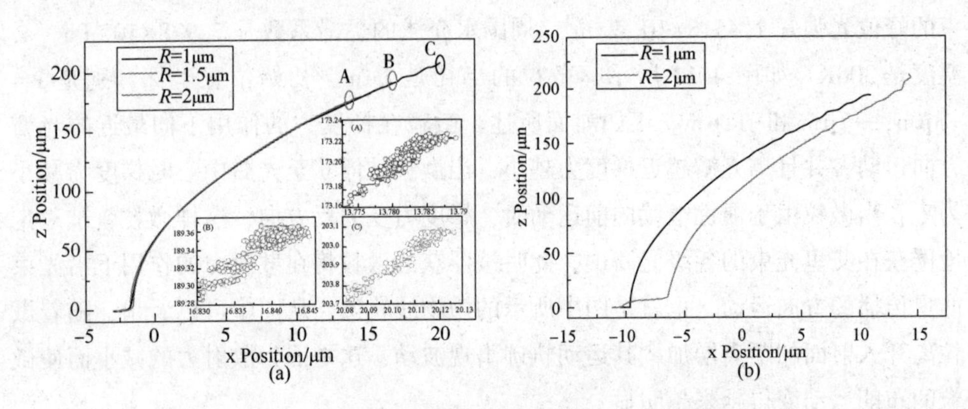


图 4.12　艾里光束对不同尺度的微粒的光学筛选

从和式可以看出，微粒受到的光辐射力是和光束的光强分布成正比，并随着运动距离的增加而减小，这样微粒最终会停留在平衡位置附近，如图 4.8 所示。当入射艾里光束的能量很强时，微粒在光束尾部受到的光辐射大于其他力的合力，这时微粒就会逃离艾里光束的光瓣。如图 4.13 所示，入射光束的峰值光强是 $3.630 \times 10^9 W/m^2$，微粒半径是 1μm，其初始位置分别是 $x=-3μm$，$-7μm$ 和 $-14μm$。从图中可以看出微粒运动至光束尾端时发生逃逸，并沿直线向斜上方运动，最后到达平衡位置。在这种情况下，微粒虽然发生逃逸，但是微粒之间的距离会变得更大，这样也是有利于艾里光束对微粒进行筛选。

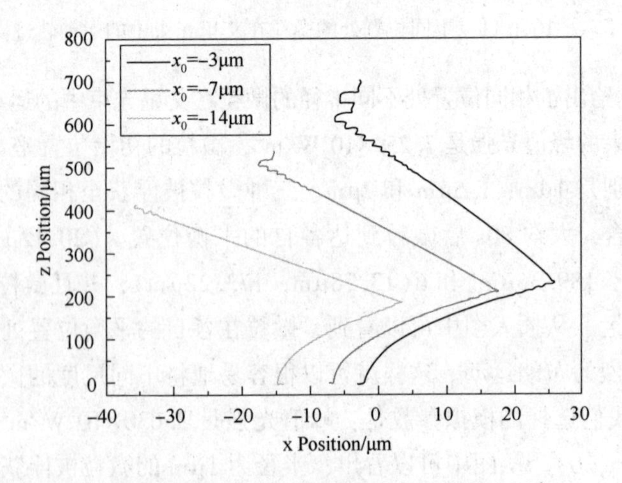


图 4.13　艾里光束的能量增加对微粒产生的逃逸现象

# 第五节　本章小结

在本章中，我们采用平面波谱法得到了艾里光束的非傍轴解，并给出了艾里光束在均匀介质中传播时的光强分布。基于洛伦兹米散射理论，我们对置于水中的米氏微粒在艾里光束中受到的光辐射力进行了数值模拟，结果显示，横向梯度力总是正负交替出现，起作用是将附近的微粒拉向最近的光瓣，而纵向散射力的方向总是指向光束的传播方向，将微粒沿光束通道进行输运。我们还分析了光辐射力对微粒半径和折射率的依赖关系。最后我们对米氏微粒在艾里光束中的运动情况进行了定量且详细的分析，并指出不同性质的微粒可以在艾里光束中沿不同的光瓣进行输运，并在不同位置处达到力学平衡状态，从而实现光学筛选的目的。本章的数值模拟结果将会对光镊微操控的实验研究提供一定的理论依据和指导。

# 第五章

# 光束在克尔介质中传播的研究

# 第一节 引 言

激光束在克尔介质中传播时，由于介质的非线性响应，光束在传播过程中会经历聚焦和散焦的周期性变化。研究激光束在克尔介质中的自聚焦效应一直都是理论和实验的热点[156]~[163]。自20世纪90年代以来，人们对光束自聚焦现象的理论研究主要是依据傍轴波动方程和抛物线方程来进行，这类方程统称为非线性薛定谔方程(Nonlinear Schrödinger Equation，NLSE)[156][157]。NLSE模型对于研究光束在克尔介质中的短距离传播可以得到与实验相符的结果，但是当光束传播一段距离后，用NLSE模型得到的结果崩塌于光束的焦点附近，这与实际的实验结果相悖[158]。因此近年来研究者们提出了更为精确的模型来描述激光束在克尔介质中的自聚焦效应。Feit和Fleck首先指出引起这种非物理的崩塌效应是由于傍轴模型在自聚焦焦点附近的失真引起的，进而提出一种基于标量波动方程的非傍轴模型来描述光束在克尔介质中的自聚焦效应，该模型的计算结果表明激光束的自聚焦焦点处并没有发生崩塌的现象，而是沿着光束的传播方向振荡[158]。Akhmediev和Crespo提出的非傍轴模型[159][164]也得到了与Feit一致的结果，但是这些模型忽略了光束作为电磁波所固有的矢量属性。后来，Chi和Guo的研究结果表明，用相同的激光束入射于克尔介质，如果考虑了入射光场的矢量属性，由此得到的自聚焦光束的峰值光强几乎比非傍轴的模拟结果低一个数量级[160]，所以除了非傍轴因素外还应该有其他更重要的因素可以影响光束在克尔非线性介质中的自聚焦效应。

本文引入“非线性衍射”来有效限制(1+1)维激光束在非线性克尔介质中传播时发生的光斑缩小现象[166][167][168]。近年来，人们在拉普拉斯算符本征向量的基础上，提出用广角分步频谱法(Wide-Angle Split-Step Spectral Method)来描述光束的传播，并采用对称算符分裂法(Symmetric Operator Splitting Technique)来描述克尔介质折射率的变化[169][170]。另外，考虑到变量衍射和介质的非线性系数，研究者们在球面坐标系中采用Hirota双线性方法，应用(3+1)维耦合非线性薛定谔方程对三维时空中的矢量孤立波进行了分析和研究[171][172]。采用相似的方法，我们可以得到标准(2+1)维多元齐次非线性薛定谔方程(Quantic Nonlinear Schrödinger Equation，QNLSE)和准确的孤立波解[173]。尽管人们对激光束在克尔介质中的自聚焦效应的研究已经发展多年，但是激光束在理想克尔介质中的稳定自陷效应仍是需要解决的一个难题。

在本章中，我们从麦克斯韦方程组出发，研究窄激光束在克尔介质中传播时所满足的矢量波动方程的一般形式，对该方程进行近似处理，就可以得到其他的简化模型，如 NLSE。在第二节中，我们引入 Scaling 迭代算法(Scaling Iterative Algorithm)来数值求解孤立波方程，所得结果与近似微扰法(Approximated Perturbation Method)相比较，我们发现 Scaling 迭代算法得到的结果精确度和收敛性更高。另外，我们还验证了在孤立波方程中，即使激光束的横向尺度远小于入射光的波长，非榜轴项对结果精度的影响也要比非线性衍射项带来的影响小得多。在第三节中，我们采用简化的傍轴矢量波动方程模拟高斯光束在克尔介质中的传播，计算结果显示高斯光束在克尔介质中传播时会经历“聚焦-散焦-再聚焦”的周期性振荡，并且在传播一段距离后光束的对称性会遭到破坏。

## 第二节 光束在克尔非线性介质中的传播方程

光在介质中的传播过程实质上就是光和物质相互作用的过程，该过程可以分为介质对光的响应过程和介质的辐射过程。在线性介质中，光的传播满足光的独立传播原理和线性叠加原理，其光学现象属于线性光学的范畴。而在非线性介质中，或者介质在强光束的照射下，光在传播过程中会产生新的频率，这些不同频率的光波之间又会发生耦合的现象，其光学现象属于非线性光学的范畴。

介质对光的非线性光学响应来源于介质分子的非线性极化，在电磁场的作用下，组成分子的电荷发生位移形成电偶极子，其极化强度 $\mathbf{P}(\mathbf{r},t)$ 和光矢量 $\mathbf{E}(\mathbf{r},t)$ 之间的关系满足：

$$\mathbf{P}(\mathbf{r},t)=\varepsilon_0\chi\cdot\mathbf{E}(\mathbf{r},t) \tag{5.1}$$

其中，$\varepsilon_0$ 是真空中的介电常数，$\chi$ 是介质的极化系数张量。对于线性介质来说，$\chi$ 是和光矢量 $\mathbf{E}(\mathbf{r},t)$ 无关的常数张量，称为线性极化系数。而对于非线性介质来说，$\chi$ 是表征介质对光极化特性的非线性极化系数，是光矢量 $\mathbf{E}(\mathbf{r},t)$ 的函数，这样，在非线性介质中式可以表示为[174]~[176]：

$$\mathbf{P}(\mathbf{r},t)=\varepsilon_0\chi(\mathbf{E})\cdot\mathbf{E}(\mathbf{r},t) \tag{5.2}$$

非线性介质对入射光束的非线性响应还可以用下面的级数形式来表示：

$$\mathbf{P}(\mathbf{r}, t)=\mathbf{P}^{(1)}(\mathbf{r}, t)+\mathbf{P}^{(2)}(\mathbf{r}, t)+\mathbf{P}^{(3)}(\mathbf{r}, t)+\cdots$$
$$=\varepsilon_0[\chi^{(1)}: \mathbf{E}+\chi^{(2)}: \mathbf{EE}+\chi^{(3)}: \mathbf{EEE}+\cdots] \quad (5.3)$$

式中　$\mathbf{P}^{(j)}(\mathbf{r}, t)$——第 $j$ 阶极化强度；

$\chi^{(j)}$——第 $j$ 阶极化系数，对应 $(j+1)$ 阶张量。

线性极化系数 $\chi^{(1)}$ 和介质的线性折射率 $n_0$ 有关；二阶极化系数 $\chi^{(2)}$ 和二次谐波有关，但是对于 $SiO_2$ 来说，由于 $SiO_2$ 的反对称性，其二阶非线性效应可以忽略不计，所以一般的玻璃光纤通常不会表现出二阶非线性效应；三阶极化系数 $\chi^{(3)}$ 是光纤中最低阶的非线性效应，和克尔效应、三次谐波的产生以及四波混频有关，主要表现为介质折射率的变化和散射等现象[177]。

克尔效应（Kerr Electro-Optic Effect），也称作“二次电光效应”，是由苏格兰物理学家约翰·克尔（John Kerr）在 1875 年发现的，他发现放置在强电场中的透明液体会发生双折射现象[178]。这是因为光矢量可以诱发材料中的电荷分布、分子取向、材料密度和温度变化等现象，从而感应出材料的非线性折射率，也就是说材料的折射率与其所处电磁场有关。假设高斯激光束在克尔介质中传播，由于激光束的影响，克尔介质的折射率为[179][180]：

$$n=n_0+\Delta n(|\mathbf{E}|^2) \quad (5.4)$$

其中，$n_0$ 是介质的线性折射率，$\Delta n$ 是由光强引起的折射率变化。当 $\Delta n>0$ 时，由于激光束中心处光强较强，光束中心位置处介质的折射率大于光束边缘位置的折射率，所以光束中心位置处的光波传播速度较慢，导致在克尔介质中的波面发生畸变，出现自聚焦现象。

激光束在介质中传播时还要受到衍射的作用，只有当自聚焦效应大于衍射效应时，光束才会表现出明显的自聚焦现象。当光束的自聚焦效应和衍射效应相互平衡时，就会出现光束自陷现象，即光束在介质中传播相当长距离，其光斑尺寸不发生变化。但是光束自陷现象是不稳定的，在大多数情况下，光束在非线性介质中传播时一旦出现自聚焦现象，其效应总是大于衍射效应，使得自聚焦现象一直保持下去，直到其他光学作用将其终止[181]。

考虑克尔介质的三阶非线性效应，各向同性克尔介质的总相对介电常数 $\varepsilon_w$ 可以表示为：

$$\varepsilon_w=\varepsilon_r+\varepsilon_2|\mathbf{E}_0|^2 \quad (5.5)$$

式中　$\varepsilon_r$——线性相对介电常数；

$\varepsilon_2$——非线性相对介电常数系数。

相应的极化强度可以表示为：

$$\mathbf{P}(\mathbf{r},t)=\varepsilon_0\chi^{(1)}(\omega)\mathbf{E}(\mathbf{r},t)+\frac{3}{4}\varepsilon_0\chi^{(3)}(\omega,\omega,-\omega)|E_0|^2\mathbf{E}(\mathbf{r},t) \quad (5.6)$$

这样，式中 $\varepsilon_r$ 和 $\varepsilon_2$ 可以表示为：

$$\varepsilon_r=1+\chi^{(1)}(\omega) \quad (5.7)$$

$$\varepsilon_2=\frac{3}{4}\chi^{(3)}(\omega,\omega,-\omega) \quad (5.8)$$

可得克尔介质的折射率为：

$$\begin{aligned} n_w &= \sqrt{\varepsilon_w}=\sqrt{1+\chi^{(1)}(\omega)+\frac{3}{4}\chi^{(3)}(\omega,\omega,-\omega)|E_0|^2} \\ &=n_0+\Delta n \end{aligned} \quad (5.9)$$

式中，

$$n_0=\sqrt{1+\chi^{(1)}(\omega)} \quad (5.10)$$

其中，$n_0$ 是介质的线性折射率，通常情况下，$n_0\gg\Delta n$，由式可得：

$$\begin{aligned} \Delta n &=\frac{3}{8n_0}\chi^{(3)}(\omega,\omega,-\omega)|E_0|^2 \\ &=\frac{1}{2n_0}\varepsilon_2|E_0|^2 \end{aligned} \quad (5.11)$$

令 $\Delta n=n_2|E_0|^2$，可得：

$$n_2=\frac{\varepsilon_2}{2n_0}=\frac{3}{8n_0}\chi^{(3)}(\omega,\omega,-\omega) \quad (5.12)$$

$n_2$ 称为非线性折射率系数，它和介质的三阶非线性极化系数 $\chi^{(3)}$ 成正比。考虑克尔介质的非线性效应，下面我们求光束的传播方程。

光的本质是电磁波，其在介质中的传播规律由麦克斯韦方程组和介质的本构关系来决定。在国际单位制中，麦克斯韦方程组可以表示为：

$$\begin{cases} \nabla\times\mathbf{E}(\mathbf{r},t)=-\dfrac{\partial\mathbf{B}(\mathbf{r},t)}{\partial t} \\ \nabla\times\mathbf{H}(\mathbf{r},t)=\dfrac{\partial\mathbf{D}(\mathbf{r},t)}{\partial t}+\boldsymbol{J} \\ \nabla\cdot\mathbf{D}(\mathbf{r},t)=\rho \\ \nabla\cdot\mathbf{B}(\mathbf{r},t)=0 \end{cases} \quad (5.13)$$

假设电磁场随时间变化的时谐项是 $\exp(-i\omega t)$，这样电场强度矢量 $\mathbf{E}(\mathbf{r},t)$、

磁场强度矢量 $\mathbf{H}(\mathbf{r},\ t)$、电位移矢量 $\mathbf{D}(\mathbf{r},\ t)$ 和非线性极化强度矢量 $\mathbf{P}_{NL}(\mathbf{r},\ t)$ 可以表示为：

$$\mathbf{E}(\mathbf{r},\ t)=\frac{1}{2}[\mathbf{E}(\mathbf{r})\exp(-i\omega t)+\mathbf{E}^*(\mathbf{r})\exp(i\omega t)] \tag{5.14}$$

$$\mathbf{H}(\mathbf{r},\ t)=\frac{1}{2}[\mathbf{H}(\mathbf{r})\exp(-i\omega t)+\mathbf{H}^*(\mathbf{r})\exp(i\omega t)] \tag{5.15}$$

$$\mathbf{D}(\mathbf{r},\ t)=\frac{1}{2}[\mathbf{D}(\mathbf{r})\exp(-i\omega t)+\mathbf{D}^*(\mathbf{r})\exp(i\omega t)] \tag{5.16}$$

$$\mathbf{P}_{NL}(\mathbf{r},\ t)=\frac{1}{2}[\mathbf{P}_{NL}(\mathbf{r})\exp(-i\omega t)+\mathbf{P}_{NL}^*(\mathbf{r})\exp(i\omega t)] \tag{5.17}$$

将式(5.14)~(5.17)代入麦克斯韦方程组，并假设介质中没有自由电荷和自由电流($\rho=0$，$J=0$)，且介质是非磁性介质($\mu_r=1$)，这样麦克斯韦方程组可以表示为：

$$\begin{cases}\nabla\times\mathbf{E}(\mathbf{r})=i\omega\mu_0\mathbf{H}(\mathbf{r})\\ \nabla\times\mathbf{H}(\mathbf{r})=-i\omega\mathbf{D}(\mathbf{r})\\ \nabla\cdot\mathbf{D}(\mathbf{r})=0\\ \nabla\cdot\mathbf{B}(\mathbf{r})=0\end{cases} \tag{5.18}$$

其中，$\omega$ 是光束的圆频率，$\mu_0$ 是真空中磁导率，介质的本构关系可以表示为：

$$\mathbf{B}(\mathbf{r})=\mu_0\mathbf{H}(\mathbf{r}) \tag{5.19}$$

$$\mathbf{D}(\mathbf{r})=\varepsilon_0\mathbf{E}(\mathbf{r})+\mathbf{P}(\mathbf{r}) \tag{5.20}$$

式中　$\varepsilon_0$——真空中的介电常数；

$\mathbf{P}(\mathbf{r})$——克尔介质的极化强度矢量，且有 $\mathbf{P}(\mathbf{r})=\mathbf{P}_L(\mathbf{r})+\mathbf{P}_{NL}(\mathbf{r})$；

$\mathbf{P}_{\mathrm{L}}(\mathbf{r})$——介质的线性极化强度；

$\mathbf{P}_{NL}(\mathbf{r})$——介质的非线性极化强度。

对于克尔介质来说，极化强度 $\mathbf{P}(\mathbf{r})$ 是 $\mathbf{E}(\mathbf{r})$ 的函数，该函数完全描述了介质对电磁场的响应。对于各向均匀同性非线性介质来说，介质的非极化强度可以表示为：

$$(P_{NL})_i=\frac{3}{4}\varepsilon_0\sum_{j,\ k,\ l}\chi_{ijkl}^{(3)}(\omega=\omega+\omega-\omega)E_jE_kE_l^* \tag{5.21}$$

其中，上标 $i$，$j$，$k$ 和 $l$ 表示相应的物理量是笛卡尔坐标系下对应的分量，$\chi^{(3)}$ $(\omega=\omega_1+\omega_2+\omega_3)$ 是三阶非线性磁化率的傅里叶变换[182]。将式(5.19)~(5.20)代入麦克斯韦方程组式，可以得到电场的矢量波动方程：

$$\nabla^2\mathbf{E}+\frac{n_0^2\omega^2}{c^2}\mathbf{E}+\frac{1}{n_0^2\varepsilon_0}\nabla(\nabla\cdot\mathbf{P}_{nl})+\frac{\omega^2}{c^2\varepsilon_0}\mathbf{P}_{nl}=0 \tag{5.22}$$

对于线性介质来说，电磁场的纵向分量相对于横向分量来说非常小。假设入射光束在 $z=0$ 平面上其电磁波沿 $x$ 方向线性偏振，尽管非线性耦合会激发 $y$ 分量的电磁场，可是 $y$ 分量的电磁场远远小于 $x$ 分量的电磁场，其量级可以用 $\sigma^2$ 来表示，其中 $\sigma=\lambda/(2\pi\omega)$，$\lambda$ 是入射光波的波长，$\omega$ 是入射光束的宽度。对于一般的光束来说，光束宽度远远大于光波的波长 $\omega\gg\lambda$，相应的 $\sigma\ll1$，所以在以下的讨论中我们只考虑电磁场的 $x$ 分量[183]。对于由非共振电子的非线性引起的介质的非线性折射率，非线性极化强度的 $x$ 分量可以表示为：

$$(P_{NL})_x=2\varepsilon_0n_0n_2\exp(ik_0z)\left(|A_x|^2A_x+\frac{2}{3}|A_z|^2A_x+\frac{1}{3}A_z^2A_x^*\right) \tag{5.23}$$

其中，$n_2$ 是介质的三阶非线性折射率，电场可以表示为 $\mathbf{E}=\mathbf{A}\exp(ik_0z)$，将式(5.22)代入方程式，可以得到 $A_x$ 满足的波动方程：

$$\begin{aligned}&i\frac{\partial}{\partial z}A_x+\frac{1}{2k_0}\nabla_t^2A_x+\frac{k_0n_2}{n_0}|A_x|^2A_x+\frac{1}{2k_0}\frac{\partial^2}{\partial z^2}A_x\\&=-\frac{n_2}{k_0n_0}\left[\frac{\partial^2}{\partial x^2}(|A_x|^2A_x)-\frac{2}{3}\frac{\partial}{\partial x}\left(|A_x|^2\frac{\partial A_x}{\partial x}\right)+\frac{1}{3}\frac{\partial}{\partial x}\left(A_x^2\frac{\partial A_x^*}{\partial x}\right)\right.\\&\left.+\frac{2}{3}\left|\frac{\partial A_x}{\partial x}\right|^2A_x-\frac{1}{3}\left(\frac{\partial A_x}{\partial x}\right)^2A_x^*\right]\end{aligned} \tag{5.24}$$

将横向坐标和纵向坐标分别按光束宽度 $\omega$ 和衍射长度 $l=\frac{1}{2}k_0\omega^2$ 进行归一化处理，

即 $x/\omega\to x$，$y/\omega\to y$，$z/(k_0\omega^2)\to z$。令 $A=\frac{A_x}{\sigma\sqrt{n_0/n_2}}$，这样式可以退化为：

$$\begin{aligned}&i\frac{\partial}{\partial z}A+\frac{1}{2}\nabla_t^2A+|A|^2A=\\&-\sigma^2\left\{\frac{1}{2}\frac{\partial^2}{\partial z^2}A+\frac{\partial^2}{\partial x^2}(|A|^2A)+\frac{2}{3}\left|\frac{\partial A}{\partial x}\right|^2A\right.\\&\left.-\frac{1}{3}\left(\frac{\partial A}{\partial x}\right)^2A^*-\frac{2}{3}\frac{\partial}{\partial x}\left(|A|^2\frac{\partial A}{\partial x}\right)+\frac{1}{3}\frac{\partial}{\partial x}\left(A^2\frac{\partial A^*}{\partial x}\right)\right\}\end{aligned} \tag{5.25}$$

方程式(5.25)就是电场的非傍轴矢量波动方程，方程右端第一项是非傍轴项，第二项是由光束的非线性衍射引起的，其余四项则是由电场的横向分量 $A_x$ 和纵向分量 $A_z$ 之间的耦合引起的。当参数 $\sigma$ 非常小时，即 $\sigma\ll1$，方程(5.25)的右端部分可以忽略，这样方程式就退化为非线性薛定谔方程（Nonlinear Schrodinger Equation，NLSE）：

$$i\frac{\partial}{\partial z}A+\frac{1}{2}\nabla_t^2 A+|A|^2 A=0 \tag{5.26}$$

如果仅仅忽略非傍轴项，方程式退化为傍轴矢量波动方程：

$$\begin{aligned} i\frac{\partial}{\partial z}A+\frac{1}{2}\nabla_t^2 A+|A|^2 A= \\ -\sigma^2\left\{\frac{\partial^2}{\partial x^2}(|A|^2 A)+\frac{2}{3}\left|\frac{\partial A}{\partial x}\right|^2 A-\frac{1}{3}\left(\frac{\partial A}{\partial x}\right)^2 A^*\right. \\ \left.-\frac{2}{3}\frac{\partial}{\partial x}\left(|A|^2\frac{\partial A}{\partial x}\right)+\frac{1}{3}\frac{\partial}{\partial x}\left(A^2\frac{\partial A^*}{\partial x}\right)\right\} \end{aligned} \tag{5.27}$$

一般来说，由于方程(5.27)忽略了非傍轴项的影响，对其求解应该比非傍轴波动方程(5.25)更容易一些。可是事实上是，对于光束的自聚焦过程来说，非傍轴项对场的影响远远小于非衍射项对场的影响，所以对于非线性薛定谔方程(NLSE)来说，其解的误差主要来源于介质的非线性对电磁场的影响[184]。所以，在以下的分析和计算中，我们只考虑傍轴矢量波动方程即可。

另外，由于电场的纵向分量 $A_z$ 很小，耦合项对场的影响可以忽略不计，这样方程式的右端就只包含非线性衍射项对场的影响，即

$$i\frac{\partial}{\partial z}A+\frac{1}{2}\nabla_t^2 A+|A|^2 A=-\sigma^2\frac{\partial^2}{\partial x^2}(|A|^2 A) \tag{5.28}$$

将上式称作非线性衍射方程（Nonlinear Diffraction Equation，NLD）。

## 第三节 Scaling 迭代算法

为了求解非傍轴矢量波动方程和傍轴矢量波动方程，将 $A(x, y, z)$ 进行分离变量：$A(x, y, z)=F(x, y)\exp(i\mu z)$，$\mu$ 是孤立波的非线性波数。式(5.25)和(5.27)经分离变量后可以改写为：

$$\left(1+\frac{16}{3}\sigma^2 F^2\right)\frac{\partial^2 F}{\partial x^2}+\frac{\partial^2 F}{\partial y^2}-kF+2F^3+\frac{34}{3}\sigma^2 F\left(\frac{\partial F}{\partial x}\right)^2=0 \tag{5.29}$$

其中，当 $k=2\mu+\sigma^2\mu^2$ 时，上式表示非傍轴矢量波动方程；当 $k=2\mu$ 时，上式表示傍轴矢量波动方程。当参数 $\sigma$ 可以忽略不计时，上式就过渡为标准孤立波方程，

也就是非线性薛定谔方程(NLSE):

$$\frac{\partial^2 F}{\partial x^2}+\frac{\partial^2 F}{\partial y^2}-2\mu F+2F^3=0 \tag{5.30}$$

下面我们采用 Scaling 迭代法来对方程进行求解，将其改写为:

$$\frac{\partial}{\partial x}\left[\left(1+\frac{16}{3}\sigma^2 F^2\right)\frac{\partial F}{\partial x}\right]+\frac{\partial^2 F}{\partial y^2}-kF+\frac{2}{3}\sigma^2 F\left(\frac{\partial F}{\partial x}\right)^2=-2F^3 \tag{5.31}$$

这样方程(5.31)就可以用 Scaling 迭代法进行求解[185]，其迭代步骤如下:

(1) 首先任意选择初始场 $F_0(x, y)$，使其满足:

$$v_0(x, y)=F_0(x, y)/\|F_0\|_{L\infty}=\alpha_0 F_0(x, y), \quad \alpha_0=1/\|F_0\|_{L\infty}$$

(2) 对以下方程进行求解:

$$\frac{\partial}{\partial x}\left[\left(1+\frac{32}{3}F_{n+1}{}^2\right)\frac{\partial \omega_{n+1}}{\partial x}\right]+\frac{\partial^2 \omega_{n+1}}{\partial y^2}-k\omega_{n+1}+\frac{2}{3}\left[F_{n+1}\left(\frac{\partial F_{n+1}}{\partial x}\right)\right]\left(\frac{\partial \omega_{n+1}}{\partial x}\right)=-v_n{}^3 \tag{5.32}$$

得到 $\omega_{n+1}$ 和 $F_{n+1}$。令 $\alpha_n=1/\|\omega_n\|_{L\infty}$，$v_n(x, y)=\alpha_n\omega_n(x, y)$，$F_{n+1}=\sqrt{\alpha}\omega_{n+1}$。

(3) 对于给定的误差系数 $\varepsilon$，如果 $\delta_{n+1}=\max|\omega_{n+1}-\omega_n|<\varepsilon$，则迭代结束，$F_{n+1}$ 就是方程(5.31)的解。反之，则需要继续对方程(5.32)进行求解判断。

以上就是对方程(5.31)进行的 Scaling 迭代法求解，而对于方程(5.32)，我们可以采用 Picard 非线性方法和预条件共轭梯度法来进行求解[186]。

为了验证以上方法的准确性，我们采用微扰法与打靶法相结合的方法来对孤立波方程进行求解，并与 Scaling 迭代法求解孤立波方程的结果进行比较，计算结果如图 5.1 所示，其中图(a)是用微扰法和打靶法得到的结果[184]，图(b)是用 Scaling 方法得到的结果。从图中可以看出，两种方法得到的孤立波方程的解都是呈椭圆形对称分布，但是用微扰法得到的结果在光束中心处出现两个峰值，而 Scaling 迭代只有一个极大值。这是因为打靶法对初值的选取有很强的依赖关系，如果初值选取不合适的话，将会对数值计算的结果产生很大的影响。但是 Scaling 迭代法的数值计算结果却不受初值 $F_0(x, y)$ 的影响，只要初值函数足够平滑，其数值模拟结果都会很快地收敛为孤立波方程的解，所以用 Scaling 方法得到的结果更精确。

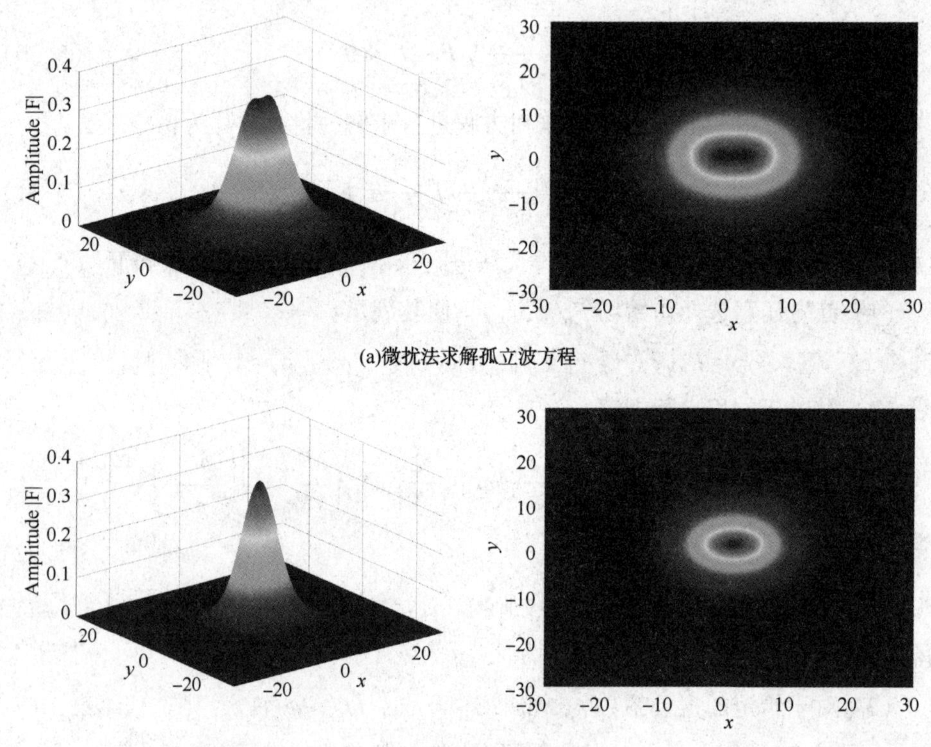


图 5.1 用微扰法(a)和 Scaling 迭代法(b)求解孤立波方程，其中 $\sigma=1.414$

为了验证结果的正确性，我们定义绝对误差函数为：

$$f(x,\ y)=\left|\frac{\partial}{\partial x}\left[\left(1+\frac{16}{3}\sigma^2F^2\right)\frac{\partial F}{\partial x}\right]+\frac{\partial^2 F}{\partial y^2}-kF+\frac{2}{3}\sigma^2F\left(\frac{\partial F}{\partial x}\right)^2+2F^3\right| \tag{5.33}$$

$f$ 值越小则数值计算的结果就越接近解析解。在图 5.2 中我们计算了微扰法和 Scaling 迭代法的绝对误差，计算结果显示，Scaling 迭代法的绝对误差是$10^{-6}$的量级，而微扰法得到的结果的绝对误差是$10^{-2}$的量级。

从图 5.3 中可以看出，当参数 $\sigma$ 不为零时，孤立波方程的解呈椭圆对称分布，并且随着 $\sigma$ 的增大，其解得椭圆率也会增加。为此我们比较了 $\sigma$ 取不同值时，孤立波方程解的横向分布情况。从图中还可以看出，光束的宽度随着 $\sigma$ 的增加而增加，并且当 $\sigma\neq0$ 时，光束沿 $x$ 方向的展宽要比沿 $y$ 方向的展宽大，并且这种差别会随着 $\sigma$ 的增加而增大。

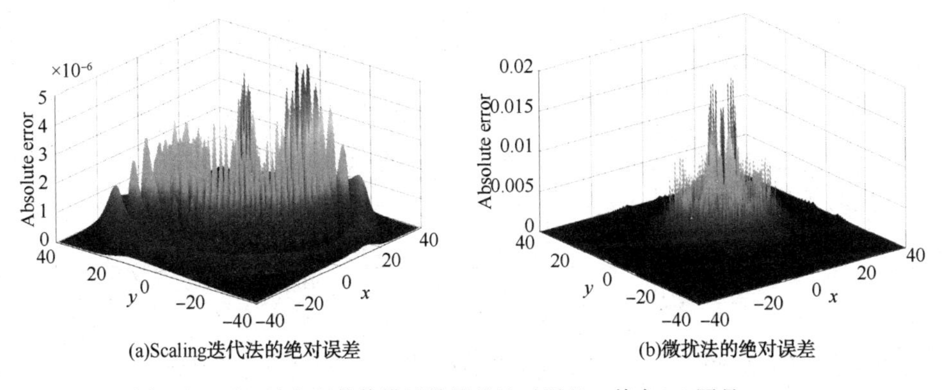


图 5.2 孤立波方程数值模拟结果的绝对误差。其中(a)图是 Scaling 迭代法的绝对误差，(b)图是微扰法的绝对误差

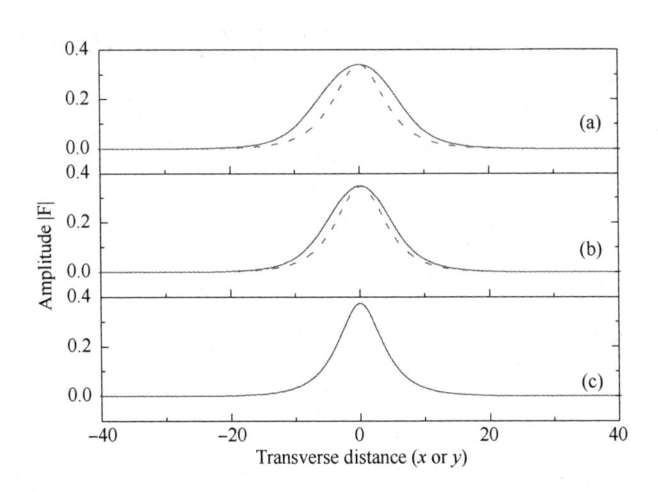


图 5.3 非傍轴孤立波的解在横向上的振幅分布($k=2\mu+\sigma^2\mu^2$)，实线表示 $x$ 方向的振幅，短划线表示 $y$ 方向的振幅。(a)：$\sigma=2$，(b)：$\sigma=1.414$，(c)$\sigma=0$

为了说明非傍轴项对孤立波方程解的影响，我们考察了非傍轴矢量波动方程($k=2\mu+\sigma^2\mu^2$)和傍轴矢量波动方程($k=2\mu$)解在横向上的分布情况，如图 5.4 所示。在数值计算中，我们选取参数 $\sigma=1.414$。从场的分布来看，非傍轴矢量波动方程得到的结果和傍轴矢量波动方程得到的结果基本一致，这说明方程中的非傍轴项对孤立波方程的解的影响很小。当 $\sigma<1.414$ 时，非傍轴项的影响将会更小，在模拟计算中可以忽略不计。

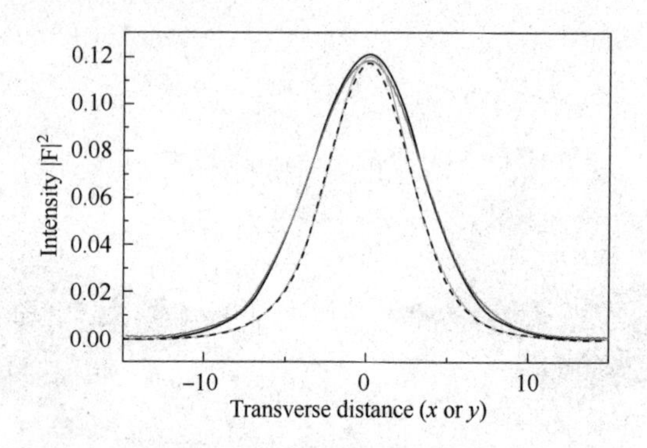


图 5.4 非傍轴因子对孤立波方程解的影响，实线表示非傍轴方程（$k=2\mu+\sigma^2\mu^2$）的结果，短划线表示傍轴方程（$k=2\mu$）的结果

# 第四节 光束在克尔非线性介质中的传播

从上节的分析中我们知道，当参数 $\sigma$ 比较小时，孤立波方程中的非傍轴因子对解的影响很小，所以为了节省资源，我们在数值模拟计算中采用傍轴矢量模型来研究光束在克尔非线性介质中的传播情况。

基模高斯光束在入射面($z=0$)上的振幅可以表示为：

$$A(x,\ y,\ 0)=A_0\exp\left[-\frac{1}{2}(x^2+y^2)\right] \tag{5.34}$$

式中 $A_0$——和入射光功率相关的常数，这里我们选取 $A_0=1.4575$。

图 5.5 给出了高斯光束在克尔介质中传播时光振幅在 $x$-$z$ 平面上的分布，其中参数 $\sigma=0.0697$。从图中可以看出，高斯光束在克尔介质中传播时经历聚焦和散焦的周期性分布，而用非线性薛定谔方程模拟高斯光束的传播时则出现崩塌的结果。

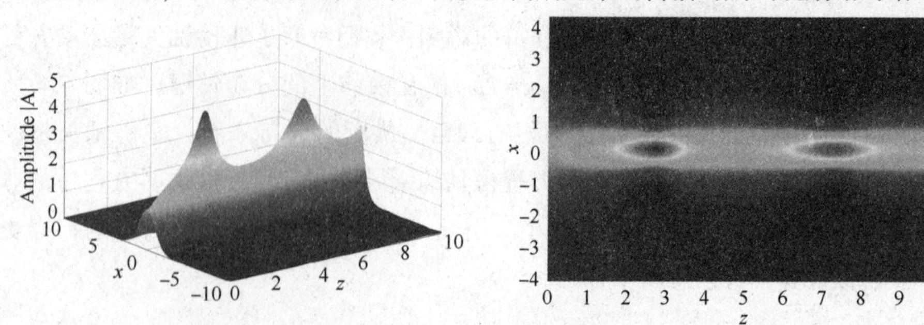


图 5.5 高斯光束在克尔非线性介质中的传播，其中参数 $\sigma=0.0697$

图 5.6 给出了采用 NLSE 模型和傍轴矢量模型计算轴上场强峰值随传播距离变化的曲线。计算结果显示，NLSE 模型的模拟结果会出现崩塌现象，而采用傍轴矢量模型时，当 $\sigma$ 取不同的值时，高斯光束在传播过程总是经历聚焦和散焦的周期性传播规律，并且峰值振幅会随着 $\sigma$ 的增大而减小。另外，$\sigma$ 越大，脉冲的周期也就越长，这是因为随着 $\sigma$ 的增大，介质对光束非线性衍射的影响也会随之增大。

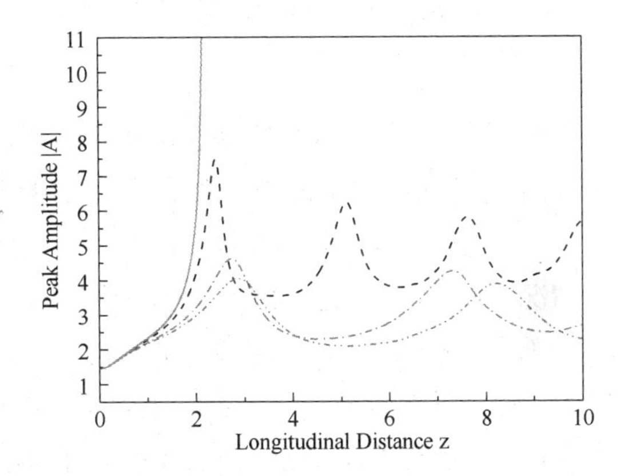


图 5.6 轴上峰值场强沿光束传播距离 $z$ 的变化曲线。实线是 NLSE 模型的模拟结果，其他三条曲线是傍轴矢量模型的模拟结果，$\sigma=0.04$（黑），$\sigma=0.0697$（红），$\sigma=0.08$（蓝）

图 5.7 考察了高斯光束在克尔介质传播时电磁场振幅的变化，其中图中黑色的曲线是高斯光束在入射面内电场振幅的横向分布，红色曲线和蓝色曲线分别是

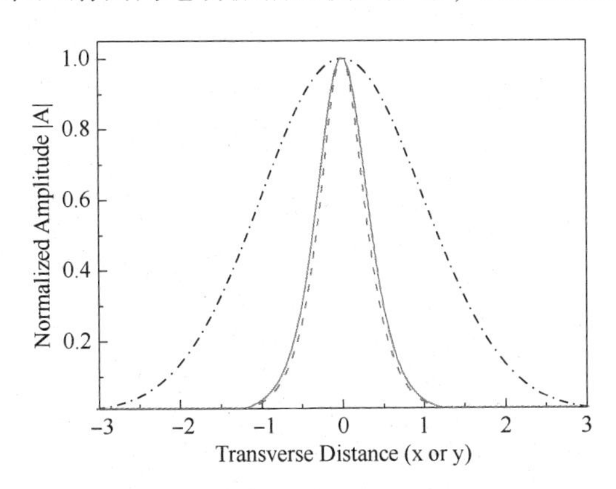


图 5.7 高斯光束在入射面内（黑线）和第一个聚焦点处（红线和蓝线）电磁场归一化振幅在横向的分布

光束在克尔介质中传播时第一个聚焦点处电场振幅沿 $x$ 方向和沿 $y$ 方向的分布。从图中可以看出，高斯光束在克尔介质中传播一个周期后，光束宽度变窄，并且沿 $y$ 方向的宽度要比沿 $x$ 方向的宽度稍小，这主要是由于克尔介质的各向异性性质导致的。

## 第五节　本章小结

本章根据麦克斯韦方程组得到了描述电磁场在克尔非线性介质中传播的矢量波动方程，并采用 Scaling 迭代法对矢量波动方程进行数值求解，其数值模拟结果说明，对孤立波解的影响主要是由方程的非线性衍射项引起的。并且我们还得到在参数 $\sigma$ 比较小的情况下，傍轴矢量波动方程得到的结果和非傍轴矢量波动方程得到的结果一致，这样就会大大节省计算资源。最后我们模拟了高斯光束在克尔非线性介质中的传播特性，其在传播过程中会发生聚焦、散焦的周期性变化，并且由于介质非线性的影响，使得光束在传播过程中的对称性遭到破坏。

# 第六章 总结和展望

光镊作为研究微观粒子的有力工具，已经在许多领域中得到了广泛的应用，并且随着激光技术的飞速发展，人们对各种类型的光镊的需求也日渐强烈。对于光镊的理论研究主要有三种模型，分别是几何光学模型、瑞利模型和电磁场模型，这几种模型都是根据被俘获微粒的尺度来区分的。

本书基于光镊的电磁场模型，系统地研究了高斯光束、空心高斯光束和艾里光束对米氏微粒所施加的光辐射力，通过对光辐射力的研究，我们发现高斯光束可以用来俘获折射率高于周围介质折射率的微粒，而对折射率低于周围介质折射率的微粒，高斯光束对其施加的是远离光轴的梯度力，从而将低折射微粒推离光场。空心高斯光束的光强成筒状分布，可以将高折射率的微粒俘获至其光环附近，实现微粒的环形排列，而对于低折射率的微粒则会将其俘获至中心暗斑的位置，对微粒实现光学牢笼。当空心高斯光束在传播十个衍射长度的距离后，光束中心暗斑消失，取而代之的是一个很强的亮斑，其分布类似于高斯光束，所以空心高斯光束在远场区域是对高折射率微粒进行俘获

艾里光束是全息光镊的一种，其在传播过程中的横向加速性、自愈性以及无衍射性，使得艾里光束在光镊的应用中有很大的发展前景。我们采用米散射理论对置于艾里光束中的米氏粒子的受力情况进行了详细的讨论，并在此基础上模拟了米氏粒子在艾里光束中的运动轨迹，我们发现不同位置处、不同半径大小的微粒在梯度力的作用下被俘获至不同的光瓣中沿抛物线的轨迹向能量传输的方向运动。

最后我们对光束在克尔介质中的传播进行了分析和模拟。我们根据麦克斯韦方程组得到了描述电磁场在克尔非线性介质中传播的矢量波动方程，并采用Scaling迭代法对矢量波动方程进行数值求解，其数值模拟结果说明，对孤立波解的影响主要是由方程的非线性衍射项引起的。并且我们还得到在参数 $\sigma$ 比较小的情况下，傍轴矢量波动方程得到的结果和非傍轴矢量波动方程得到的结果一致，这样就会大大节省计算资源。高斯光束在克尔非线性介质中的传播过程中会发生聚焦、散焦的周期性变化，并且由于介质非线性的影响，使得光束在传播过程中的对称性遭到破坏。

本书的研究成果丰富和完善了光镊理论在高斯光束、空心高斯光束和艾里光束中的应用和研究，其结果对实验有很好的指导意义。目前对微粒的操控已经由单粒子转向双粒子甚至是多粒子体系，对于多粒子体系的研究将是我们今后需要深入探讨的课题。对于光束在非线性介质中的传播，我们相信文中提出的Scaling迭代算法将会对艾里光束在非线性克尔介质中传播的理论计算，以及脉冲光镊的理论模拟提供比较精确的数值计算模型。

# 附　录

# 附录A　龙格-库塔方法

龙格-库塔方法(Runge-Kutta methods)是由数学家卡尔·龙格(Carl Runge)和马丁·威尔海姆·库塔在1900年提出的，是数值求解常微分方程的一类隐式或显式迭代算法，可以省去求解微分方程的复杂过程[187]。已知待求解方程的导数和初值条件分别是：

$$\begin{cases}\dfrac{dy}{dx}=f(x,\ y),\ x_{\min}\leqslant x\leqslant x_{\max}\\ y_0=y(x_0)\end{cases}\tag{A.1}$$

在求解区域取 $m+1$ 个节点，即：$x_{\min}=x_0<x_1<x_2<\cdots<x_m=x_{\max}$，步长记为 $h=x_{i+1}-x_i$ $(i=0,\ 1,\ \cdots,\ m)$。下面分别给出二阶、三阶、四阶龙格-库塔方法的迭代求解过程：

1. 二阶龙格-库塔(RK2)方法

$$\begin{cases}y_{i+1}=y_i+\alpha k_1+\beta k_2\\ k_1=hf(x_i,\ y_i)\\ k_2=hf(x_i+ah,\ y_i+bk_1)\end{cases}\tag{A.2}$$

式中，

$$\alpha+\beta=1,\ a\beta=b\beta=\frac{1}{2}\tag{A.3}$$

此格式的局部截断误差为 $O(h^3)$。当取定 $\alpha=\beta=\dfrac{1}{2}$，$a=b=1$ 时，式(A.2)过渡为改进的欧拉方法，即：

$$\begin{cases}y_{i+1}=y_i+\dfrac{1}{2}k_1+\dfrac{1}{2}k_2\\ k_1=hf(x_i,\ y_i)\\ k_2=hf(x_i+h,\ y_i+k_1)\end{cases}\tag{A.4}$$

2. 三阶龙格库塔(RK3)方法

$$\begin{cases} y_{i+1}=y_i+\alpha k_1+\beta k_2+\gamma k_3 \\ k_1=hf(x_i,\ y_i) \\ k_2=hf(x_i+ah,\ y_i+bk_1) \\ k_3=hf(x_i+ch,\ y_i+dk_1+ek_2) \end{cases} \tag{A.5}$$

式中,

$$\begin{cases} \alpha+\beta+\gamma=1,\ a\beta+c\gamma=\dfrac{1}{2}, \\ c=d+e,\ a=b, \\ a^2\beta+c^2\gamma=\dfrac{1}{3},\ ae\gamma=\dfrac{1}{6} \end{cases} \tag{A.6}$$

此格式的局部截断误差为 $O(h^4)$。当取定 $\alpha=\frac{1}{6}$,$\beta=\frac{2}{3}$,$\gamma=\frac{1}{6}$,$a=b=\frac{1}{2}$,$c=1$,$d=-1$,$e=2$ 时,可以得到一个比较简单的三阶龙格-库塔公式,即:

$$\begin{cases} y_{i+1}=y_i+\dfrac{1}{6}(k_1+4k_2+k_3) \\ k_1=hf(x_i,\ y_i) \\ k_2=hf\left(x_i+\dfrac{h}{2},\ y_i+\dfrac{k_1}{2}\right) \\ k_3=hf(x_i+h,\ y_i-k_1+2k_2) \end{cases} \tag{A.7}$$

3. 四阶龙格-库塔(RK4)方法

$$\begin{cases} y_{i+1}=y_i+\dfrac{1}{6}(k_1+2k_2+2k_3+k_4) \\ k_1=hf(x_i,\ y_i) \\ k_2=hf\left(x_i+\dfrac{1}{2}h,\ y_i+\dfrac{1}{2}k_1\right) \\ k_3=hf\left(x_i+\dfrac{1}{2}h,\ y_i+\dfrac{1}{2}k_2\right) \\ k_4=hf(x_i+h,\ y_i+k_3) \end{cases} \tag{A.8}$$

此格式的局部阶段误差为 $O(h^5)$。

从以上方法可以看到,龙格-库塔方法是通过计算不同节点上的函数值,然后对这些函数值进行线性组合来构造合适的近似公式,从而实现对方程的迭代求解。龙格-库塔方法具有精度高、收敛、稳定的优点，并且在迭代过程中可以根据实际需要选择合适的步长 $h$。

# 附录 B　连带勒让德多项式和球谐函数

1. 勒让德多项式(Legendre Polynomial)

在数学上，勒让德微分方程(Legendre Differential Equation)可以表示为：

$$(1-x^2)\frac{\mathrm{d}^2u(x)}{\mathrm{d}x^2}-2x\frac{\mathrm{d}u(x)}{\mathrm{d}x}+\lambda u(x)=0 \tag{B.1}$$

勒让德函数(Legendre Function)是上述 Legendre 方程的解，为了求解方便，将(B.1)式写成如下施图姆-刘维尔型方程(Sturm-Liouville Equation)：

$$\frac{\mathrm{d}}{\mathrm{d}x}\left[(1-x^2)\frac{\mathrm{d}}{\mathrm{d}x}u(x)\right]+\lambda u(x)=0 \tag{B.2}$$

Legendre 方程是物理学中常见的一类常微分方程，当在球坐标系中求解三维拉普拉斯方程或其他相关的偏微分方程时，问题往往会归结为求解 Legendre 方程。

该方程的边界条件是在方程的两个奇点 $x=+1$ 和 $x=-1$ 处，$u(x)$ 保持有限，$\lambda=n(n+1)$ 是本征值。方程在基本区域 $-1\leqslant x\leqslant+1$，可得到有界解，即解级数收敛。随着 $n$ 的取值不同，方程的解也发生相应的变化，构成一组由正交多项式组成的多项式序列，这组多项式称为 Legendre 多项式。$n$ 阶 Legendre 多项式可以表示为：

$$P_n(x)=\sum_{k=0}^{[n/2]}(-1)^k\frac{(2n-2k)!}{2^n k!\,(n-k)!\,(n-2k)!}x^{n-2k} \tag{B.3}$$

其中记号 $[n/2]$ 表示不超过 $n/2$ 的最大整数，即：

$$[n/2]=\begin{cases}n/2 & (n\text{ 为偶数})\\(n-1)/2 & (n\text{ 为奇数})\end{cases} \tag{B.4}$$

下面根据(B.3)式，给出前几个 Legendre 多项式，同时令 $x=\cos\theta$，即：

$$P_0(x)=1$$

$$P_1(x)=x=\cos\theta$$

$$P_2(x)=\frac{1}{2}(3x^2-1)=\frac{1}{4}(3\cos2\theta+1)$$

$$P_3(x)=\frac{1}{2}(5x^3-3x)=\frac{1}{8}(5\cos3\theta+3\cos\theta)$$

$$P_4(x)=\frac{1}{8}(35x^4-30x^2+3)=\frac{1}{64}(35\cos4\theta+20\cos2\theta+9)$$

$$P_5(x)=\frac{1}{8}(63x^5-70x^3+15x)$$

$$=\frac{1}{128}(63\cos5\theta+35\cos3\theta+30\cos\theta)$$

$$P_6(x)=\frac{1}{16}(231x^6-315x^4+105x^2-5)$$

$$=\frac{1}{512}(231\cos6\theta+126\cos4\theta+105\cos2\theta+50)$$

Legendre 多项式的一个重要性质是在区间[-1, 1]满足正交性，即：

$$\int_{-1}^{1}P_i(x)P_j(x)dx=\frac{2}{2n+1}\delta_{ij} \tag{B. 5}$$

式中，$\delta_{ij}$是克罗内克 $\delta$ 函数(Kronecker Delta Function)，当 $i=j$ 时等于 1，否则为 0。

下面给出 Legendre 多项式的递推关系式：

$$(n+1)P_{n+1}(x)-(2n+1)xP_n(x)+nP_{n-1}(x)=0 \tag{B. 6}$$

$$P_n(x)=P'_{n+1}(x)-2xP'_n(x)+P'_{n-1}(x) \tag{B. 7}$$

$$(2n+1)P_n(x)=P'_{n+1}(x)-P'_{n-1}(x) \tag{B. 8}$$

$$P'_{n+1}(x)=(n+1)P_n(x)+xP'_n(x) \tag{B. 9}$$

$$nP_n(x)=xP'_n(x)-P'_{n-1}(x) \tag{B. 10}$$

$$(x^2-1)P'_n(x)=nxP_n(x)-nP_{n-1}(x) \tag{B. 11}$$

将(B. 6)~(B. 11)式中的变量 $x$ 变换成 $\cos\theta$，可以得到如下的递推关系式：

$$(n+1)P_{n+1}(\cos\theta)-(2n+1)\cos\theta P_n(\cos\theta)+nP_{n-1}(\cos\theta)=0 \tag{B. 12}$$

$$\sin\theta P_n(\cos\theta)=-\frac{dP_{n+1}(\cos\theta)}{d\theta}+2\cos\theta\frac{dP_n(\cos\theta)}{d\theta}-\frac{dP_{n-1}(\cos\theta)}{d\theta} \tag{B. 13}$$

$$(2n+1)\sin\theta P_n(\cos\theta)=-\frac{dP_{n+1}(\cos\theta)}{d\theta}+\frac{dP_{n-1}(\cos\theta)}{d\theta} \tag{B. 14}$$

$$\frac{dP_{n+1}(\cos\theta)}{d\theta}=\cos\theta\frac{dP_n(\cos\theta)}{d\theta}-(n+1)\sin\theta P_n(\cos\theta) \tag{B. 15}$$

$$n\sin\theta P_n(\cos\theta)=-\cos\theta\frac{dP_n(\cos\theta)}{d\theta}+\frac{dP_{n-1}(\cos\theta)}{d\theta} \tag{B.16}$$

$$\sin\theta\frac{dP_n(\cos\theta)}{d\theta}=n\cos\theta P_n(\cos\theta)-nP_{n-1}(\cos\theta) \tag{B.17}$$

2. 连带勒让德多项式(Associated Legendre Polynomial)

连带 Legendre 多项式由下式定义：

$$P_n^m(x)=(1-x^2)^{m/2}P_n^{[m]}(x)(m=0,1,2,\cdots,n) \tag{B.18}$$

其中，$P_n^{[m]}(x)$是$P_n(x)$的$m$阶导数，当$m=0$时，$P_n^0(x)=P_n(x)$。下面给出$n=1，2，3，4$连带 Legendre 多项式的数学表达式，同时令$x=\cos\theta$：

$$P_1^1(x)=(1-x^2)^{1/2}=\sin\theta$$

$$P_2^1(x)=3x(1-x^2)^{1/2}=\frac{3}{2}\sin2\theta$$

$$P_2^2(x)=3(1-x^2)=\frac{3}{2}(1-\cos2\theta)$$

$$P_3^1(x)=\frac{3}{2}(1-x^2)^{1/2}(5x^2-1)=\frac{3}{8}(\sin\theta+5\sin3\theta)$$

$$P_3^2(x)=15x(1-x^2)=15\sin^2\theta\cos\theta$$

$$P_3^3(x)=15(1-x^2)^{3/2}=15\sin^3\theta$$

$$P_4^1(x)=\frac{5}{2}(1-x^2)^{1/2}(7x^3-3x)=\frac{5}{16}(2\sin2\theta+7\sin4\theta)$$

$$P_4^2(x)=\frac{15}{2}(1-x^2)(7x^2-1)=\frac{15}{16}(3+4\cos2\theta-7\cos4\theta)$$

$$P_4^3(x)=105x(1-x^2)^{3/2}=105\sin^3\theta\cos\theta$$

$$P_4^4(x)=105(1-x^2)^2=105\sin^4\theta$$

下面给出连带 Legendre 多项式的递推关系：

$$P_n^{-m}(x)=(-1)^m\frac{(n-m)!}{(n+m)!}P_n^m(x) \tag{B.19}$$

$$(2n+1)xP_n^m(x)=(n+m)P_{n-1}^m(x)+(n-m+1)P_{n+1}^m(x) \tag{B.20}$$

$$(2n+1)(1-x^2)^{1/2}P_n^m(x)=P_{n+1}^{m+1}(x)-P_{n-1}^{m+1}(x) \tag{B.21}$$

$$(2n+1)(1-x^2)^{1/2}P_n^m(x)$$
$$=(n+m)(n+m-1)P_{n-1}^{m-1}(x)-(n-m+2)(n-m+1)P_{n+1}^{m-1}(x) \tag{B.22}$$

$$2mxP_n^m(x)=(1-x^2)^{1/2}[(n-m+1)(n+m)P_n^{m-1}(x)+P_n^{m+1}(x)] \quad (B.23)$$

$$2mP_n^m(x)-2m(1-x^2)P_n^m(x)$$
$$=x(1-x^2)^{1/2}[(n-m+1)(n+m)P_n^{m-1}(x)+P_n^{m+1}(x)] \quad (B.24)$$

$$(2n+1)(1-x^2)\frac{dP_n^m(x)}{dx}=(n+1)(n+m)P_{n-1}^m(x)-n(n-m+1)P_{n+1}^m(x) \quad (B.25)$$

$$2(1-x^2)^{1/2}\frac{dP_n^m(x)}{dx}=P_n^{m+1}(x)-(n-m+1)(n+m)P_n^{m-1}(x) \quad (B.26)$$

将式(B.19)~(B.26)中的变量 $x$ 换成 $\cos\theta$，可以得到连带勒让德多项式的递推关系：

$$P_n^{-m}(\cos\theta)=(-1)^m\frac{(n-m)!}{(n+m)!}P_n^m(\cos\theta) \quad (B.27)$$

$$(2n+1)\cos\theta P_n^m(\cos\theta)$$
$$=(n+m)P_{n-1}^m(\cos\theta)+(n-m+1)P_{n+1}^m(\cos\theta) \quad (B.28)$$

$$(2n+1)\sin\theta P_n^m(\cos\theta)=P_{n+1}^{m+1}(\cos\theta)-P_{n-1}^{m+1}(\cos\theta) \quad (B.29)$$

$$(2n+1)\sin\theta P_n^m(\cos\theta)=(n+m)(n+m-1)P_{n-1}^{m-1}(\cos\theta)$$
$$-(n-m+2)(n-m+1)P_{n+1}^{m-1}(\cos\theta) \quad (B.30)$$

$$2m\frac{\cos\theta}{\sin\theta}P_n^m(\cos\theta)=(n-m+1)(n+m)P_n^{m-1}(\cos\theta)+P_n^{m+1}(\cos\theta) \quad (B.31)$$

$$\frac{2m}{\sin\theta}P_n^m(\cos\theta)-2m\sin\theta P_n^m(\cos\theta)$$
$$=\cos\theta[(n-m+1)(n+m)P_n^{m-1}(\cos\theta)+P_n^{m+1}(\cos\theta)] \quad (B.32)$$

$$(2n+1)\sin\theta\frac{dP_n^m(\cos\theta)}{d\theta}=n(n-m+1)P_{n+1}^m(\cos\theta)$$
$$-(n+1)(n+m)P_{n-1}^m(\cos\theta) \quad (B.33)$$

$$2\frac{dP_n^m(\cos\theta)}{d\theta}=(n-m+1)(n+m)P_n^{m-1}(\cos\theta)-P_n^{m+1}(\cos\theta) \quad (B.34)$$

3. 球谐函数(Spherical Harmonics Function)

球谐函数是球坐标系下拉普拉斯方程解的角度部分，是天顶角 $\theta$ 和方位角 $\varphi$ 的函数。正交归一化的球谐函数定义为：

$$Y_n^m(\theta,\varphi)=\sqrt{\frac{(2n+1)(n-m)!}{4\pi(n+m)!}}P_n^m(\cos\theta)\exp(im\varphi) \quad (B.35)$$

即：

$$Y_n^m(\theta,\ \varphi)=\begin{cases}\sqrt{\dfrac{(2n+1)(n-|m|)!}{4\pi(n+|m|)!}}P_n^{|m|}(\cos\theta)\exp(i|m|\varphi) & m\geqslant 0\\ (-1)^{|m|}\sqrt{\dfrac{(2n+1)(n-|m|)!}{4\pi(n+|m|)!}}P_n^{|m|}(\cos\theta)\exp(-i|m|\varphi) & m<0\end{cases}$$

(B.36)

根据式(B.27)~(B.34)，可以得到球谐函数的递推关系：

$$(2n+1)\cos\theta Y_n^m(\theta,\ \varphi)=(n+m)\sqrt{\frac{(2n+1)(n-m)}{(2n-1)(n+m)}}Y_{n-1}^m(\theta,\ \varphi)+(n-m+1)\sqrt{\frac{(2n+1)(n+m+1)}{(2n+3)(n-m+1)}}Y_{n+1}^m(\theta,\ \varphi)$$

(B.37)

$$\sin\theta Y_n^m(\theta,\ \varphi)=\sqrt{\frac{(n+m+2)(n+m+1)}{(2n+1)(2n+3)}}Y_{n+1}^{m+1}(\theta,\ \varphi)\exp(-i\varphi)-\sqrt{\frac{(n-m)(n-m-1)}{(2n-1)(2n+1)}}Y_{n-1}^{m+1}(\theta,\ \varphi)\exp(-i\varphi)\tag{B.38}$$

$$\sin\theta Y_n^m(\theta,\ \varphi)=\sqrt{\frac{(n+m)(n+m-1)}{(2n-1)(2n+1)}}Y_{n-1}^{m-1}(\theta,\ \varphi)\exp(i\varphi)-\sqrt{\frac{(n-m+2)(n-m+1)}{(2n+1)(2n+3)}}Y_{n+1}^{m-1}(\theta,\ \varphi)\exp(i\varphi)\tag{B.39}$$

$$2m\frac{\cos\theta}{\sin\theta}Y_n^m(\cos\theta)=\sqrt{(n+m)(n-m+1)}Y_n^{m-1}(\theta,\ \varphi)\exp(i\varphi)+\sqrt{(n-m)(n+m+1)}Y_n^{m+1}(\theta,\ \varphi)\exp(-i\varphi)\tag{B.40}$$

$$\frac{2m}{\sin\theta}Y_n^m(\theta,\ \varphi)-2m\sin\theta Y_n^m(\theta,\ \varphi)=\cos\theta\left[\sqrt{(n+m)(n-m+1)}Y_n^{m-1}(\theta,\ \varphi)\exp(i\varphi)+\sqrt{(n-m)(n+m+1)}Y_n^{m+1}(\theta,\ \varphi)\exp(-i\varphi)\right]\tag{B.41}$$

$$\sin\theta\frac{\partial Y_n^m(\theta,\ \varphi)}{\partial\theta}=n\sqrt{\frac{(n-m+1)(n+m+1)}{(2n+1)(2n+3)}}Y_{n+1}^m(\theta,\ \varphi)-(n+1)\sqrt{\frac{(n+m)(n-m)}{(2n+1)(2n-1)}}Y_{n-1}^m(\theta,\ \varphi)\tag{B.42}$$

$$2\frac{\partial Y_n^m(\theta,\ \varphi)}{\partial\theta}=\sqrt{(n+m)(n-m+1)}\,Y_n^{m-1}(\theta,\ \varphi)\exp(i\varphi)$$
$$-\sqrt{(n-m)(n+m+1)}\,Y_n^{m+1}(\theta,\ \varphi)\exp(-i\varphi) \qquad (B.43)$$

# 附录 C 拉盖尔多项式

形如以下的二阶线性常微分方程称作拉盖尔方程(Laguerre Equation):

$$x\frac{d^2y}{dx^2}+(1-x)\frac{dy}{dx}+\lambda y=0 \qquad (C.1)$$

拉盖尔方程只有当 $\lambda$ 为非负时才有非奇异解，其中 $x_0=0$ 是方程的正则奇点，其在 $x_0=0$ 及其邻域上的有限级数解可以表示为:

$$y(x)=a_0\left[1+\frac{-\lambda}{(1!)^2}x+\frac{(-\lambda)(1-\lambda)}{(2!)^2}x^2+\cdots\right.$$
$$\left.+\frac{(-\lambda)(1-\lambda)\cdots(k-1-\lambda)}{(k!)^2}x^k+\cdots\right] \qquad (C.2)$$

该级数解的收敛半径为无穷大。当 $\lambda$ 为整数时，$y(x)$退化为 $\lambda$ 的多项式，其最高次幂项为$(-x)^n/n!$，该多项式称为拉盖尔多项式(Laguerre Polynomial)，记作 $L_n(x)$。下面给出 $n=0\sim10$ 阶拉盖尔多项式的计算过程(令 $a_0=1$):

(1) 当 $\lambda=0$ 时:

$$y(x)=a_0[1] \qquad (C.3)$$

将 $a_0=1$ 代入，可得:

$$L_0(x)=1 \qquad (C.4)$$

(2) 当 $\lambda=1$ 时:

$$y(x)=a_0[1-x] \qquad (C.5)$$

将 $a_0=1$ 代入，可得:

$$L_1(x)=\frac{1}{1!}(-x+1) \qquad (C.6)$$

(3) 当 $\lambda=2$ 时:

$$y(x)=a_0\left[1-2x+\frac{1}{2}x^2\right] \qquad (C.7)$$

将 $a_0=1$ 代入，可得:

$$L_2(x)=\frac{1}{2!}(x^2-4x+2) \tag{C.8}$$

（4）当 $\lambda=3$ 时：

$$y(x)=a_0\left[1-3x+\frac{3}{2}x^2-\frac{1}{6}x^3\right] \tag{C.9}$$

将 $a_0=1$ 代入，可得：

$$L_3(x)=\frac{1}{3!}(-x^3+9x^2-18x+6) \tag{C.10}$$

（5）当 $\lambda=4$ 时：

$$y(x)=a_0\left[1-4x+3x^2-\frac{2}{3}x^3+\frac{1}{24}x^4\right] \tag{C.11}$$

将 $a_0=1$ 代入，可得：

$$L_4(x)=\frac{1}{4!}(x^4-16x^3+72x^2-96x+24) \tag{C.12}$$

（6）当 $\lambda=5$ 时：

$$y(x)=a_0\left[1-5x+5x^2-\frac{5}{3}x^3+\frac{5}{24}x^4-\frac{1}{120}x^5\right] \tag{C.13}$$

将 $a_0=1$ 代入，可得：

$$L_5(x)=\frac{1}{5!}(-x^5+25x^4-200x^3+600x^2-600x+120) \tag{C.14}$$

（7）当 $\lambda=6$ 时：

$$y(x)=a_0\left[1-6x+\frac{15}{2}x^2-\frac{10}{3}x^3+\frac{5}{8}x^4-\frac{1}{20}x^5+\frac{1}{720}x^6\right] \tag{C.15}$$

将 $a_0=1$ 代入，可得：

$$L_6(x)=\frac{1}{6!}(x^6-36x^5+450x^4-2400x^3 +5400x^2-4320x+720) \tag{C.16}$$

（8）当 $\lambda=7$ 时：

$$y(x)=a_0\left[1-7x+\frac{21}{2}x^2-\frac{35}{6}x^3+\frac{35}{24}x^4 -\frac{7}{40}x^5+\frac{7}{720}x^6-\frac{1}{5040}x^7\right] \tag{C.17}$$

将 $a_0=1$ 代入，可得：

$$L_7(x)=\frac{1}{7!}(-x^7+49x^6-882x^5+7350x^4$$

$$-29400x^3+52920x^2-35280x+5040) \tag{C. 18}$$

（9）当 $\lambda=8$ 时：

$$y(x)=a_0\left[1-8x+14x^2-\frac{28}{3}x^3+\frac{35}{12}x^4-\frac{7}{15}x^5\right.$$

$$\left.+\frac{7}{180}x^6-\frac{1}{630}x^7+\frac{1}{40320}x^8\right] \tag{C. 19}$$

将 $a_0=1$ 代入，可得：

$$L_8(x)=\frac{1}{8!}(x^8-64x^7+1568x^6-18816x^5+117600x^4$$

$$-376320x^3+564480x^2-322560x+40320) \tag{C. 20}$$

（10）当 $\lambda=9$ 时：

$$y(x)=a_0\left[1-9x+18x^2-14x^3+\frac{21}{4}x^4-\frac{21}{20}x^5\right.$$

$$\left.+\frac{7}{60}x^6-\frac{1}{140}x^7+\frac{1}{4480}x^8-\frac{1}{362880}x^9\right] \tag{C. 21}$$

将 $a_0=1$ 代入，可得：

$$L_9(x)=\frac{1}{9!}(-x^9+81x^8-2592x^7+42336x^6$$

$$-381024x^5+1905120x^4-5080320x^3$$

$$+6531840x^2-3265920x+362880) \tag{C. 22}$$

（11）当 $\lambda=10$ 时：

$$y(x)=a_0\left[1-10x+\frac{45}{2}x^2-20x^3+\frac{35}{4}x^4-\frac{21}{10}x^5+\frac{7}{24}x^6\right.$$

$$\left.-\frac{1}{42}x^7+\frac{1}{896}x^8-\frac{1}{36288}x^9+\frac{1}{3628800}x^{10}\right] \tag{C. 23}$$

将 $a_0=1$ 代入，可得：

$$L_{10}(x)=\frac{1}{10!}(x^{10}-100x^9+4050x^8-86400x^7+1058400x^6$$

$$-7620480x^5+31752000x^4-72576000x^3$$

$$+81648000x^2-36288000x+3628800) \tag{C. 24}$$

拉盖尔多项式还可以表示为罗德里格公式的形式：

$$L_n(x)=\frac{e^x}{n!}\frac{d^n}{dx^n}(x^n e^{-x}) \tag{C. 25}$$

用式(C. 25)得到的拉盖尔多项式和式(C. 3)~(C. 24)是一致。

拉盖尔多项式还可以通过递推的方式来定义，首先规定前两个拉盖尔多项式分别是 $L_0(x)=1$ 和 $L_1(x)=1-x$，然后运用以下递推关系就可以得到更高阶的拉盖尔多项式：

$$L_{k+1}(x)=\frac{1}{k+1}[(2k+1-x)L_k(x)-kL_{k-1}(x)] \tag{C. 26}$$

# 参 考 文 献


[1] 郭奕玲，沈惠君．物理学史[M]．北京：清华大学出版社，2005.

[2] A. Ashkin, J. M. Dziedzic, and T. Yamane, Optical trapping and manipulation of single cells using infrared laser beams. Nature, 1987, 330(6150): 769-771.

[3] P. N. Lebedev, "Experimental examination of light pressure," Ann. der Physik, 1901, 6: 433.

[4] 郑华炽．列别捷夫的光压实验[J]．物理通报，1956，3：148-151.

[5] P. N. Lebedew. The pressure of light on gases. Astrophysical Journal, 1910, 31(5): 385-393.

[6] Steven Chu, J. E. Bjorkholm, A. Ashkin, et al. Experimental Observation of Optically Trapped Atoms. Phys. Rev. Lett., 1986, 57(3): 314-318.

[7] G. W. Hughes, C. R. Mclnnes, and M. Macdonald. Mercury sample return missions using solar sail propulsion. The Aeronautical Journal, 2002.

[8] N. Nassiri, N. S. Mehdizadeh, and M. Jalali. Interplanetary flight using solar sails. Proceedings of 2nd International Conference on Recent Advances in Space Technologies, 2005, RAST 2005 (1512586): 330-334.

[9] C. R. Mclnnes. Solar sail mission applications for non-keplerian orbits. Act. Astronautica, 1999, 45(4-9): 567-575.

[10] M. H. Anderson, J. R. Ensher, M. R. Matthews, et al.. Observation of Bose-Einstein condensation in a dilute atomic vapor. Science, 1995, 269: 198-201.

[11] E. L. Raab, M. Prentiss, A. Cable, et al.. Trapping of neutral sodium atoms with radiation pressure. Phys. Rev. Lett., 1987, 59(23): 2631-2634.

[12] A. Ashkin, and J. Dziedzic. Optical levitation of liquid drops by radiation pressure. Science, 1975, 187: 1073-1075.

[13] A. Ashkin, and J. M. Dziedzic. Optical levitation by radiation pressure. Appl. Lett., 1971, 19 (8): 283-285.

[14] A. Ashkin. Acceleration and trapping of particles by radiation pressure. Phys. Rev. Lett., 1970, 24(4): 156-159.

[15] A. Ashkin, J. M. Dziedzic, J. E Bjorkholm, et al.. Observation of a single-beam gradient force optical trap for dielectric particles. Opt. Lett., 1986, 11(5): 288-290.

[16] David G. Grier. A revolution in optical manipulation. Nature, 2003, 424: 810-816.

[17] A. Ashkin. Trapping of atoms by resonance radiation pressure. Phys. Rev. Lett., 1978, 40(12): 729-732.

[18] S. Chu, J. E. Bjorkholm, A. Ashkin, et al.. Experimental observation of optically trapped atoms. Phys. Rev. Lett., 1986, 57(3): 314-318.

[19] A. Ashkin, J. M. Dziedzic, and T. Yamane. Optical trapping and manipulation of single cells using infrared laser beams. Nature, 1987, 330(6150): 769-771.

[20] Rosemarie Wiegand Steubing, Steve Cheng, William H. Wright, et al.. Laser induced cell fusion in combination with optical tweezers: the laser cell fusion trap. Cytomety, 1991, 12: 505-510.

[21] A. Ashkin, and J. M. Dziedzic. Internal cell manipulation using infrared laser traps. Proc. Natl. Acad. Sci. USA, 1989, 86(20): 7914-7918.

[22] A. Ashkin, and J. M. Dziedzic. Optical trapping and manipulation of viruses and bacteria. Science, 1987, 235(4795): 1517-1520.

[23] A. Ashkin. Optical trapping and manipulation of neutral particles using lasers. Proc. Natl. Acad. Sci. USA, 1999, 94(10): 4853-4860.

[24] K. C. Neuman, and A. Nagy. Single-molecule force spectroscopy: optical tweezers, magnetic tweezers and atomic force microscopy. Nature Methods, 2008, 5: 491-505.

[25] A. A. R. Neves, Adriana Fontes, Carlos Lenz Cesar, et al.. Axial optical trapping efficiency through a dielectric interface. Phys. Rev. E, 2007, 76(6): 1-8.

[26] A. Ashkin. History of optical trapping and manipulation of small-neutral particle, atoms, and molecules. IEEE J. Sel. Topics Quant. Electron., 2000, 6(6): 841-856.

[27] Shao Jinyu. Measuring piconewton forces and its application in cellular and molecular biomechanics. Adv. Biomech., 2001: 47-51.

[28] Jianguang Wu, Yinmei Li, Di Lu, et al.. Mesurement of the membrane elasticity of red blood cell with osmotic pressure by optical tweezers. Cryo Letters, 2009, 30(2): 89-95.

[29] A. Ashkin. Application of laser radiation pressure, Scinece, 1980, 210(4474): 1081-1088.

[30] A. Hoffmann, G. M. Horste, G. Pilarczyk, et al.. Optical tweezers for confocal microscopy. Appl. Phy. B-Lasers and Optics, 2000, 71(5): 747-753.

[31] D. McGloin, G. C. Spalding, H. Melville, et al.. Three-dimensional arrays of optical bottle beams. Opt. Communications, 2003, 225: 215-222.

[32] S. Bowman, R. Conan, and C. Bradley. Optical tweezing using adaptive optics technology. Proc. SPIE, 2008, 7038: 70381H.

[33] A. Sischka, R. Eckel, K. Toensing, et al.. Compact microscope-based optical tweezers system for molecular manipulation. Review of Scientific Instruments, 2003, 74(11): 4827-4831.

[34] Kishan Dholakia, and Peter Reece. Optical micromanipulation takes hold. Nanotoday, 2006, 1(1): 18-26.

[35] Keir C. Neuman, and Steven M. Block. Optical trapping. Review of Scientific Instrument, 2004, 75(9): 2787-2809.

[36] A. Dubietis, P. Polesana, G. Valiulis, et al.. Axial emission and spectral broadening in self-focusing of femtosecond Bessel beams. Optics Express, 2007, 15(7): 4168-4175.

[37] R. Dorn, S. Quabis, and G. Leuchs. Sharper focus for a radially polarized light beam. Phys. Rev. Lett., 2003, 91: 233901.

[38] Yaoju Zhang, Bialfeng Ding, and Taikei Suyama. Trapping two tyoes of particles using doubel-ring-shaped radially polarized beam. Phys. Rev. A, 2010, 81(2): 1-5.

[39] Youyi Zhuang, Yaoju Zhang, Biaofeng Ding, et al.. Trapping Rayleigh particles using highly focused higher-order radially polarized beams. Opt. Communications, 2011, 284: 1734-1739.

[40] Yaoju Zhang, and Yuxing Dai. Multifocal optical trapping using counter-propagating radially-polarized beams. Opt. Commun., 2012, 285(5): 725-730.

[41] D. G. Grier. A revolution in optical manipulation. Nature, 2003, 424: 810-816.

[42] G. Gibson, D. M. Carberry, G. Whyte, et al.. Holographic assembly workstation for optical manipulation. J. Opt. A: Pure Appl. Opt., 2008, 10: 044009.

[43] T. O. Anna, Neil Miles, and J. Padgett. Axial and lateral trapping efficiency of Laguerre-Gaussian modes in inverted optical tweezers. Optics Communiactions, 2001, 193: 45-50.

[44] J. E. Curtis, B. A. Koss, and D. G. Grier. Dynamic holographic optical tweezers. Optics Communications, 2002, 207: 169-175.

[45] V. G. Chavesz, D. Mcgloin, H. Melville, et al.. Simultaneous micromanipulation in multiple planes using a self-reconstructing light beam. Nature, 2002, 419(6903): 145-147.

[46] G. A. Siviloglou, and D. N. Christodoulides. Accelerating finite energy Airy beam. Opt. Lett., 2007, 32: 979-981.

[47] A. Ashkin, and J. M. Dziedzic. Optical trapping and manipulation of single living cells using infra-red laser beams. Ber. Bunsen-Ges. Phys. Chem., 1989: 254-260.

[48] T. Fujii, Y. L. Sun, K. N. An, et al.. Mechanical properties of single hyaluronan molecules. Journal of Biomechanics, 2002, 35(4): 527-531.

[49] M. D. Wang, H. Yin, R. Landick, et al.. Stretching DNA with optical tweezers. Biophysical Journal, 1997, 72(3): 1335-1346.

[50] Y. L. Sun, Z. P. Luo, and K. N. An. Stretching short biopolymers using optical tweezers. Biochemical and Biophysical Research Communications, 2001, 286(4): 826-830.

[51] M. D. Wang, M. J. Schnitzer, H. Yin, et al.. Force and velocity measured for single molecule of RNA polymerase. Science, 1998, 282(5290): 902-907.

[52] R. F. Servise. Watching DNA at work. Science, 1999, 283(5408): 1668-1669.

[53] E. Wolf. Electromagnetic diffraction in optical systems. I. an integral representation of the image field. Pro. R. Soc. London Ser. A, 1959, 253: 349-357.

[54] Timo A. Nieminen, Norman R. Heckenberg, and Halina Rubinsztein-Dunlop. Computational modelling of optical tweezers. Proc. SPIE, 2004, 5514: 514-523.

[55] Peter J. Pauzauskie, Aleksandra Radenovic, Eliane Trepagnier, et al.. Optical trapping and integration of semiconductor nanowire assemblies in water. Nature Material, 2006, 5: 97-101.

[56] Bruce T. Draine, and Piotr J. Flatau. Discrete-dipole approximation for scattering calculation. J. Opt. Soc. Am. A, 1994, 11(4): 1491-1499.

[57] Wen-Hui Yang, George C. Schatz, Richard P. VanDuyne, et al.. Discrete dipole approximation for calculationg extinction and Raman intensities for small particles with arbitrary shapes. Chem. Phys., 1995, 103(3): 869-875.

[58] T. A. Nieminen, H. Rubinsztein-Dunlop, and N. R. Heckenberg. Trapping and alignment of a microfibre using the discrete dipole approximation. IEEE Piscataway NJ, 2001, 2: 1-3.

[59] P. Török, P. Varga, A. Konkol, et al.. Electromagnetic diffraction of light focused through a planar interface between materials of mismatched refractive indices: an integral representation. J. Opt. Soc. Am. A, 1995, 12(2): 325-332.

[60] P. Török, P. Varga, A. Konkol, et al.. Electromagnetic diffraction of light focused through a planar interface between materials of mismatched refractive indices: structure of the electromagnetic field. J. Opt. Soc. Am. A, 1996, 13(11): 2232-2238.

[61] P. Török, P. Varga, A. Konkol, et al. "Electromagnetic diffraction of ligth focused through a planar interface between materials of mismatched refractive indices: an integral errata. J. Opt. Soc. Am. A, 1995, 12: 1605.

[62] Chao Zhan, Gan Wang, Yang Yang, et al.. Single-molecule plasmonic optical trapping. Matter, 2020, 3(4): 1350-1360.

[63] https: //sbd. xmu. edu. cn/info/1060/2086. htm

[64] https: //news. xmu. edu. cn/info/1045/37493. htm

[65] W. H. Wright, G. J. Sonek, and M. W. Berms. Parametric study of the forces on microspheres held by optical tweezers. Appl. Opt., 1994, 33(9): 1735-1748.

[66] T. C. Bakker Schut, G. Hesselink, B. G. de Grooth, el al.. Experimental and theoretical investigations on the validity of the geometrical optics model for calculating the stability of optical traps. Cytometry", 1991, 12: 479-485.

[67] J. A. Lock. Contribution of high-order rainbows to the scattering of a Gaussian laser beam by a spherical particle. J. Opt. Soc. Am. A, 1993, 10: 693-706.

[68] M. Born, and E. Wolf. Principles of optics. 5th ed. Pergamon Press, Oxford, 1975, 109-132.

[69] A. Ashkin. Forces of a single-beam gradient laser trap on a dielectric sphere in the ray optics regime. Biophysical Journal, 1992, 61: 569-582.

[70] S. M. Mansfield, and G. Kino. Solid immersion microscope. Appl. Phys. Lett., 1990, 57: 2615-2616.

[71] W. H. Wright, G. J. Sonek, Y. Tadir, et al.. Laser trapping in cell biology. Inst. Electr. Electron. Eng. J. Quant. Elect., 1990, 26: 2148-2157.

[72] B. Richards, and E. Wolf. Electromagnetic diffraction in optical systems Ⅱ structure of the image field in an aplanatic system. Proc. R. Soc. London. A., 1959, 253: 358-379.

[73] Djenan Ganic, Xiaosong Gan, and Min Gu. Exact radiation trapping force calculation based on vectorial diffraction theory. Opt. Express, 2004, 12(12): 2670-1675.

[74] G. Roosen. Optical levitation of sphere. Can. J. Phys., 1979, 57: 1260-1279.

[75] G. Roosen, and C. Imbert. Optical levitation by means of 2 horizontal laser beams-theoretical and experimental study. Physics Lett., 1976, 59A: 6-8.

[76] H. C. van de Hulst. Light scattering by small particles. Dover Press, New York, 1981.

[77] J. P. Gordon. Radiation forces and momenta in dielectric media. Phys. Rev. A., 1973, 8: 14-21.

[78] A. Ashkin, and J. M. Dziedzic. Radiation pressure on a free liquid surface. Phys. Rev. Lett., 1973, 30: 139-142.

[79] EricAspnes, Tom D. Milster, and Koen Visscher. Optical force model based on sequential ray tracing. Appl. Opt., 2009, 48(9): 1642-1650.

[80] Jinhua Zhou, Hongliang Ren, Jun Cai, et al.. Ray-tracing methodology: application of spatial analytic geometry in the ray-optic model of optical tweezers. Appl. Opt., 2008, 47(33): 6307-6314.

[81] R. C. Gauthier. Theoretical investigation of the optical trapping force and torque on cylindrical micro-objects. J. Opt. Soc. Am. B, 1997, 14(12): 3323-3333.

[82] K. Shima, R. Omori, and A. Suzuki. Forces of a single beam gradient force optical trap on dielectric spheroidal particles in the geometric-optics regime. Jpn. J. Appl. Phys., 1998, 37(1-11): 6012-6015.

[83] Jinhua Zhou, Mincheng Zhong, Ziqiang Wang, et al.. Calculation of optical forces on an ellipsoid using vectorial ray tracing method. Optics Express, 2012, 20(14): 14928-14937.

[84] D. H. Li, J. X. Pu, and X. Q. Wang. Radiation forces of a dielectric medium plate induced by a Gaussian beam. Opt. Commun, 2012, 285(7): 1680-1683.

[85] Zhen Sen Wu, Li Xin Guo, Kuan Fang Ren, et al.. Improved algorithm for electromagnetic scattering of plane waves and shaped beams by multilayered spheres. Appl. Opt., 1997, 36(21).

[86] Robert C. Gauthier. Laser-trapping properties of dual-component spheres. Appl. Opt., 2002,

41(33): 7135-7144.

[87] S. H. Xu, Y. M. Li, and L. R. Lou. Axial optical trapping forces on two particles trapped simultaneously by optical tweezers. Appl. Opt., 2005, 15(24): 16029-16034.

[88] K. Visscher, and G. J. Brakenhoof. Theoretical study of optically induced forces on spherical particles in a single beam trap. I. rayleigh sactterers. Optik, 1992, 89(4): 174-180.

[89] Yasuhiro Harada, and Toshimitsu Asakura. Radiation force on a dielectric sphere in the rayleigh scattering regime. Opt. Commun., 1996, 124: 529-541.

[90] M. Kerker. The scattering of light and other electromagnetic radiation. Academic, New York, 1969.

[91] G. Gouesbet, G. Grehan, and B. Maheu. Scattering of a Gaussian beam by a Mie scatter center using a Bromwich formalism. J. Optics, 1985, 16(2): 83.

[92] GerardGrehan, B. Maheu, and Gerard Gouesbet. Scattering of laser beams by Mie scatter centers: numerical results using a localized approximation. Applied Optics, 1986, 25(19): 3539-3548.

[93] Gerard Gouesbet, and James A Lock. List of problems for future research in generalized Lorenz-Mie theories and related topic, review and prospectus. Applied Optics, 2013, 52(5): 897-916.

[94] G. Gouesbet, B. Maheu, and G. Grèhan. Light scattering from a sphere arbitrary located in a Gaussian beam, using a bromwich formulation. J. Opt. Soc. Am. A, 1988, 5(9): 1427-1442.

[95] James A. Lock, and Gérard Gouesbet. Rigorous justification of the localized approximation to the beam-shape coefficients in generalized Lorenz-Mie theory. I. on-axis beams. J. Opt. Soc. Am. A, 1994, 11(9): 2503-1515.

[96] Gérard Gouesbet, and James A. Lock. Rigorous justification of the localized approximation to the beam - shape coefficients in generalized Lorenz - Mie theory. II. Off - axis beams. J. Opt. Soc. Am. A, 1994, 11(9): 2516-2525.

[97] James A. Lock, and Gérard Gouesbet. Generalized Lorenz-Mie theory and applications. Journal of Quantitative Spectroscopy & Radiative Transfer, 2009, 110: 800-807.

[98] G. Gouesbet, B. Maheu, and G. Gréhan. Light scattering from a sphere arbitrarily located in a Gaussian beam, using a Bromwich formulation. J. Opt. Soc. Am. A, 1988, 5(9): 1427-1443.

[99] Gerard Gouesbet, and Gerard Grehan. Generalized Lorenz-Mie theories. Springer Berlin Heidelberg, 2011.

[100] Gerard. Gouesbet, and Gerard Grehan. Generalized Lorenz - Mie theories, from past to future. Atomization Sprays, 2000, 10: 277-333.

[101] Michael I. Mishchenko, Larry D. Travis, and Andrew A. Lacis. Scattering, absorption, and emission of light by small particles. Cambridge University Press, 2002.

[102] P. C. Waterman. Symmetry, unitarity, and geometry in electromagnetic scattering. Phys. Rev. D, 1971, 3(4): 825-839.

[103] D. W. Mackowski, and M. I. Mishchenko. A multiple sphere T-matrix Fortran code for use on parallel computer clusters. Journal of Quantitative Spectroscopy and Radiative Transfer, 2011, 112(13): 2182-2192.

[104] 刘磊，利用T矩阵方法研究金属纳米颗粒的光学性质，南开大学硕士学位论文，2011年.

[105] T. A. Nieminen, H. Rubinsztein-Dunlop, N. R. Heckenberg, et al.. Numerical modelling of optical trapping. Comp. Phys. Commun. 2001, 142: 468-471.

[106] T. A. Nieminen, H. Rubinsztein-Dunlop, and N. R. Heckenberg. Calculation and optical measurement of laser trapping forces on non-spherical particles. Journal of Quantitative Spectroscopy & Radiative Transfer, 2001, 70: 627-637.

[107] T. A. Nieminen, V. L. Loke, A. B. Stilgoe, et al.. Optical tweezers computational toobox. Journal of Optics A, 2007, 9: 1-15.

[108] Ferdinando Borghese, Paolo Denti, Rosalba Saija, et al.. Optical trapping of nonspherical particles in the T-matrix formalism. Opt. Express, 2007, 15(19): 11984-11998.

[109] J. H. Crichton, and P. L. Marston. "The measurable distinction between the spin and orbital angular momentum of electromagnetic radiation. Elec. J. Dif. Eq., 2000, 04: 37-50.

[110] C. H. Choi, J. Ivanic, M. S. Gordon, et al.. Rapid and stable determination of rotation matrices between spherical harmonics by direct recursion. J. Chem. Phys., 1999, 111(19): 8825-8831.

[111] Lei Bi, Ping Yang, G. W. Kattawar, et al.. Efficient implementation of the invariant imbedding T-matrix method and the separation of variables method applied to large nonspherical inhomogeneous particles. J. Quant. Spectrosc. Radiat. Trans., 2013, 116: 169-183.

[112] Joshua Le-Wei Li, Ling Wee Ong, and Katherine H. R. Zheng. Anisotropic scattering effects of a gyrotropic sphere characterized using the T-matrix method. Phys. Rev. E, 2012, 85(3 Pt 2): 036601.

[113] PaulB. Bareil, and Yunlong Sheng. Angular and position stability of a nanorod trapped in an optical tweezers. Opt. Express, 2010, 18(25): 26388-26398.

[114] ThomasWriedt. Using the T-matrix method for light scattering computations by non-axisymmetric particles: superellipsoids and realistically shaped particles. Part. Part. Syst. Charact. 2002, 19: 256-268.

[115] Robert C. Gauthier. Computation of the optical trapping force using an FDTD based technique. Opt. Express, 2005, 13(10): 3707-3718.

[116] Fei Zhou, Xiaosong Gan, Wendong Xu, et al.. Comment on: computation of the optical trapping force using an FDTD based technique. Optics Express, 2007, 14(25): 12494-6.

[117] Cui Zhiwei, and Han Yiping. A review of the numerical investigation on the scattering of Gaussian beam by complex particles. Phys. Rep., 2014, 538(2): 39-75.

[118] Yingchun Wu, M. Brunel, Renxian Li, et al.. Simultaneous amplitude and phase contrast imaging of burning fuel particle and flame with digital inline holography: model and verification. Journal of Quantitative Spectroscopy and Radiative Transfer, 2017, 199.

[119] Yingchun Wu, M. Brunel, Xuecheng Wu, et al. "Tensor ABCD law for misaligned inline particle holography of inclusions in a host droplet. Applied Optics, 2017, 56(5): 1526-1535.

[120] Daniel A. White. Vector finite element modeling of optical tweezers. Computer Physics Communications, 2000, 128: 558-564.

[121] K. Cheng, X. Zhong, and A. Xiang. Optical trapping of metallic Rayleigh particle by combined beam. Opto. Electro. Lett., 2012, 8(1): 76-80.

[122] X. Wang, and M. G. Littman. Laser cavity for generation of variable-radius rings of light. Opt. Lett., 1993, 18(10): 767-768.

[123] J. P. Barton, and D. R. Alexander. Fifth-order corrected electromagnetic field components for a fundamental Gaussian beam. J. Appl. Phys., 1989, 66(7): 2800-2803.

[124] J. P. Barton, D. R. Alexander, and S. A. Schaub. Internal and near-surface electromagnetic fields for a spherical particle irradiated by a focused laser beam. J. Appl. Phys., 1988, 64(4): 1632-1639.

[125] J. P. Barton, D. R. Alexander, and S. A. Schaub. Theoretical determination of net radiation force and torque for a spherical particle illuminated by a focused laser beam. J. Appl. Phys., 1989, 66(10): 4594-4602.

[126] John David Jackson. Classical Electrodynamics. 2nd ed., Wiley, New York, 1975.

[127] N. B. Simpson, K. Dholakia, L. Allen, et al.. Mechanical equivalence of spin and orbital angular momentum of light: an optical spanner. Opt. Lett., 1997, 22(1): 52-54.

[128] V. Bagini, F. Frezza, M. Santarsiero, et al.. Generalized Bessel-Gaussian beams. J. Mod. Opt., 1996, 43: 1155-1166.

[129] N. R. Heckenberg, R. McDuff, C. P. Smith, et al.. Generation of optical phase singularities by computer-generated holograms. Opt. Lett., 1992, 17: 221-223.

[130] J. P. Yin, W. J. Gao, H. F. Wang, et al.. Generations of dark hollow beams and their applications in laser cooling of atoms and all optical-type Bose-Einstein condensation. Chin. Phys., 2002, 11: 1157-1169.

[131] QiwenZhan, and James R. Leger. Focus shaping using cylindrical vector beams. Opt. Express,

2002, 10(7): 324-331.

[132] QiwenZhan. Radiation forces on a dielectric sphere produced by highly focused cylindrical vector beams. J. Opt. A: Pure Appl. Opt., 2003, 5(3): 229-232.

[133] 赵承良，激光光束及其对微粒辐射力的研究，浙江大学博士学位论文，2009 年.

[134] Yangjian Cai, Xuanhui L, and Qiang Lin. Hollow Gaussian beams and their propagation properties. Opt. Lett., 2003, 28(13): 1084-1086.

[135] Yangjian Cai, and Sailing He. Propagation of various dark hollow beams in a turbulent atmosphere. Optics Express, 2006, 14(4): 1353-1367.

[136] Antonio A. R. Neves, Adriana Fontes, Liliana de Y. Pozzo, et al.. Electromagnetic forces for an arbitrary optical trapping of spherical dielectric. Opt. Express, 2006, 14 (26): 13101-13106.

[137] J. Durnin, J. J. Miceli, and J. H. Eberly. Diffraction free beams. Physical Review Letters, 1987, 58(15): 1499-1501.

[138] J. Durnin. Exact solutions for non-diffracting beams. I. The scalar theory. J. Opt. Soc. Am. A, 1987, 4(4), 651-654.

[139] M. V. Berry, and N. L. Balazs. Nonspreading wave packets. Am. J. Phys. 1979, 47(3), 264-267.

[140] G. A. Siviloglou, J. Broky, A. Dogariu, et al.. Observation of accelerating Airy beams. Phys. Rev. Lett., 2007, 99(21): 3901-3904.

[141] P. Polynkin, M. Kolesik, J. V. Moloney, et. al.. Curved plasma channel generation using ultraintense Airy beams. Science, 2009, 324(5924): 229-232.

[142] FelixBleckmann, Alexander Minovich, Jakob Frohnhaus, et al.. Manipulation of Airy surface plasmon beams. Opt. Lett., 2013, 38(9): 1443-1445.

[143] D. Abdollahpour, S. Suntsov, and D. Papazoglou. Spatiotemporal Airy light bullets in the linear and nonlinear regimes. Phys. Rev. Lett., 2010, 105(25): 253901.

[144] J. Baumgartl, M. Mazilu, and K. Dholakia. Optically mediated particle clearing using Airy wavepackets. Nat. Photonics, 2008, 2(11): 675-678.

[145] Chunyu Chen, Huamin Yang, andMohsen Kavehrad. Propagation of radial Airy array beams through atmospheric turbulence. Optics and Lasers in Engineering, 2014, 52: 106-114.

[146] Wang Xiaozhang, Li Qi, and Zhong Wen. Drift behavior of Airy beams in turbulence simulated by using a liquid crystal spatial light modulator. Chinese J. Laser, 2013, 40(12): 1213001.

[147] J. Baumgartl, Michael Mazilu, and Kishan Dholakia. Optically mediated particle clearing using airy wavepackets. Nature Photo., 2008, 2: 675-678.

[148] JörgBaumgartl, Gregor M. Hannappel, David J. Stevenson, et al.. Optical redistribution of microparticles and cells between microwells. Lab. Chip., 2009, 9: 1334-1336.

[149] Zhu Zheng, Baifu Zhang, Hao Chen, et al.. Optical trapping with focused Airy beams. Appl. Opt., 2011, 50(1): 43-49.

[150] Peng Zhang, Jai Prakash, Ze Zhang, et al.. Trapping and guiding microparticles with morphing autofocusing Airy beams. Opt. Lett., 2011, 36(15): 2883-2885.

[151] Hua Cheng, Weipng Zang, Wenyuan Zhou, et al.. Analysis of optical trapping and propulsion of Rayleigh particles using Airy beam. Opt. Express, 2010, 18(19): 20384-20394.

[152] Yunfeng Jiang, Kaikai Huang, and Xuanhui Lu. Radiation force of abruptly autofocusing Airy beams on a Rayleigh particle. Opt. Express, 2013, 18(19): 24413-24421.

[153] Ke Cheng, Xiangqiong Zhong, and Anping Xiang. Propagation dynamics and optical trapping of a radial Airy array beam. Optik, 2014, 125(15): 3966-3971.

[154] 栗建兴．真空中激光传输及其加速电子研究[D]．南开大学博士学位论文，2011.

[155] Soo Chang, and Jae Heung Jo. Theoretical calculations of optical force exerted on a dielectric sphere in the evanescent field generated with a totally-reflected focused Gaussian beam. Opt. Commun., 1994, 108: 133-143.

[156] E. F. Nichols, and G. F. Hull. A preliminary communication on the pressure of heat and light radiation. Phys. Rev. Lett., 1901, XIII(5): 307-320.

[157] J. S. Kim, and S. S. Lee. Scattering of laser beams and the optical potential well for a homogeneous sphere. Opt. Soc. Am., 1983, 73(3): 303-312.

[158] AlexanderRohrbach, and Ernst H. K. Stelzer. Trapping forces, force constants, and potential depths for dielectric spheres in the presence of spherical aberrations. Appl. Opt., 2002, 41(13): 2494-2507.

[159] P. L. Kelley. Self-Focusing of Optical Beams. Phys. Rev. Lett., 1965, 15: 1005.

[160] W. G. Wagner, H. A. Haus, and J. H. Marburger. Large-scale self-trapping of optical beams in the paraxial ray approximation. Phys. Rev., 1968, 175: 256.

[161] M. D. Feit, and J. A. Fleck. Beam nonparaxiality, filament formation, and beam breakup in the self-focusing of optical beams. J. Opt. Soc. Am. B, 1988, 5: 633.

[162] N. Akhmediev, A. Ankiewicz, and J. M. Soto-Crespo. All-optical power-controlled switching in wave mixing: application to semiconductor-doped glasses. Opt. Lett., 1993, 18: 411.

[163] S. Chi, and Q. Guo. Vector theory of self-focusing of an optical beam in Kerr media. Opt. Lett., 1995, 20: 1598.

[164] R. de laFuente, O. Varela, and H. Michinel. Fourier analysis of non-paraxial self-focusing. Opt. Commun., 2000, 173: 403.

[165] B. A. Malomed, K. Marinov, D. I. Pushkarov, et al.. Stability of narrow beams in bulk Kerr-type nonlinear media. Phys. Rew. A, 2001, 64: 023814.

[166] Y. S. Kivshar, and G. P. Agrawal. Optical solitons: from fibers to photonic crystals. San Diego: Academic Press, 2003.

[167] J. M. Soto-Crespo, and N. Ankiewicz. Description of the self-focusing and collapse effects by a modified nonlinear Schrödinger equation. Opt. Commum., 1993, 101: 223.

[168] S. Chi, and Q. Guo. Vector theory of self-focusing of an optical beam in Kerr media. Opt. Lett., 1995, 20: 1598.

[169] A. D. Boardman, K. Marinov, D. I. Pushkarov, et al.. Influence of nonlinearly induced diffraction on spatial solitary waves. Opt. Quantum. Electron. 2000, 32: 49.

[170] K. Marinov, D. I. Pushkarov, and A. Shivarova. Beam propagation in Kerr-type nonlinear waveguides. Phys. Scr., 2000, T84: 197.

[171] A. Suryanto, E. Van Groesen, and M. Hammer. Weakly nonparaxial effects on the propagation of (1+1) D spatial solitons in inhomogeneous Kerr media. J. Nonlinear Optic. Phys. Mat., 2005, 14: 203.

[172] C. D. Clark, and R. Thomas. Wide-angle split-step spectral method for 2D or 3D beam propagation. Opt. Quantum. Electron. 2010, 41: 849-857.

[173] Brett H. Hokr, C. D. Clark Ⅲ, Rachel E. Grotheer, et al. Higher-order wide-angle split-step spectral method for non-paraxial beam propagation. Opt. Express, 2013, 21 (13): 15815-15825.

[174] Siliu Xu, Milivoj R. Belic, and Weiping Zhong. Three-dimensional spatiotemporal vector solitary waves in coupled nonlinear Schrödinger equations with variable coefficients", J. Opt. Soc. Am. B, 2012, 30(1): 113-122.

[175] Chaoqing Dai, and Xiaogang Wang. Light bullet in parity-time symmetric potential. Nonlinear Dyn., 2014, 77: 1133-1139.

[176] Siliu Xu, Nikola Petrovic, and Milivoj R. Belic. Exact solution of the (2+1)-dimensional quantic nonlinear Schrödinger equations with variable coefficients. Nonlinear Dyn. 2015, 80 (1): 583-589.

[177] E. Iannone, F. Matera, A. Mocozzi, et al.. Nonlinear optical communication networks. 1998, Wiley, New York.

[178] A. Hasegawa, and M. Matsumoto. Optical solitons in fibers. 2003, Springer, Berlin.

[179] Y. S. Kivshar, and G. P. Agrawal. Optical solitons, from fibers to photonic crystals. 2003, Academic Press, Amsterdam.

[180] R. W. Hellwarth. Third-order optical susceptibilities of liquids and solids. Progress in Quantum Electronics, 1977, 5: 1-68.

[181] P. Weinberger. John Kerr and his effects found in 1877 and 1878. Philosophical Magazine Let-

ters，2008，88(12)：897-907.

[182] Mansoor Sheik-Bahae，Ali A. Said，M. J. Soileau，et al.. Nonlinear refraction and optical limiting in thick media. Optical Engineering，1991，30(8)：1228-1235.

[183] Amal Faisal Jaffar. Optical nonlinearity of Oxazine dye doped PMMA films by Z-can techniques. Journal of Al-Nahrain University，2012，15(2)：106-112.

[184] 李淳飞. 非线性光学[M]，哈尔滨：哈尔滨工业大学出版社，2005.

[185] Y. R. Shen. The principles of Nonlinear Optics”（Wiley，New York，1984），pp. 1-5，25-29.

[186] R. W. Boyd. Nonlinear Optics. Academic，New York，1992，Chaps. 4. 2 and 4. 3.

[187] B. A. Malomed，K. Marinov，D. I. Pushkarov，et al.. Stability of narrow beams in bulk Kerr-type nonlinear media. Phys. Rev. A，2001，64：023814.

[188] G. Chen，J. Zhou，and W. Ni. Algorithms and visualization for solutions of nonlinear elliptic equations. Int. J. Bifurcation and Chaos，2000，10：1565.

[189] C. T. Kelley. Iterative methods for linear and nonlinear equations. SIAM，America，1995，pp. 48-50.

[190] 华冬英，李祥贵. 微分方程的数值解法[M]，北京：电子工业出版社，2016.